Internationale Meteorologische Organisation
Internationale Aerologische Kommission

Über Meteorographen für aerologische Zwecke

von Dr. K. Keil, Berlin-Mariendorf

mit einem Vorwort
des Präsidenten der Aerologischen Kommission
Prof. Dr. L. Weickmann
und 122 Abbildungen

Berlin 1938
Julius Springer

ISBN-13: 978-3-642-98508-9   e-ISBN-13: 978-3-642-99322-0
DOI: 10.1007/978-3-642-99322-0

Vorwort

Mit der vorliegenden Denkschrift über *Meteorographen für aerologische Zwecke* übergebe ich den Fachgenossen eine Zusammenstellung, in der eine Übersicht über das Gebiet der Meßgeräte für die freie Atmosphäre gegeben wird, auf deren Angaben die gesamte Kenntnis vom Aufbau der Atmosphäre beruht.

Ich habe davon abgesehen, für diese Zusammenstellung schon Vollständigkeit zu verlangen, weil erfahrungsgemäß im Rahmen der internationalen Zusammenarbeit gerade das Vorliegen eines Berichts zur Stellungnahme und zur Ergänzung reizt, die beide ohne den Bericht viel weniger leicht gegeben werden.

So stelle ich mir vor, daß ich in etwa 1 bis 2 Jahren dieser *ersten* Denkschrift über aerologische Meteorographen eine *zweite* folgen lassen kann, in der ebenfalls an Hand von Bildmaterial die Entwicklung der Geräte auch in anderen Ländern gezeigt wird.

Ich danke den Direktoren des nordamerikanischen, deutschen, englischen, finnischen und französischen Dienstes, den Firmen Bosch und Bosch, Freiburg i. Br., R. Fueß, Berlin und W. Lambrecht, Göttingen, der Akademischen Verlagsgesellschaft in Leipzig, dem Verlag E. S. Mittler und Sohn, Berlin und der Schriftwaltung der Annalen der Hydrographie und Maritimen Meteorologie Hamburg, dem Verlag des „Flugsport" in Frankfurt a. M., dem Verlag Julius Springer in Berlin und dem Herausgeber des „Handbuchs der meteorologischen Instrumente", Prof. Dr. E. Kleinschmidt, Hamburg, für ihre liebenswürdige Unterstützung meines Plans durch Überlassung von Bildmaterial. Schließlich danke ich dem Verfasser der Denkschrift Dr. K. Keil für die Arbeit, die er auf die Herstellung des Manuskripts verwendet hat, in dem sich ein Niederschlag aus der Literatur der Aerologie von Beginn aerologischer Untersuchungen an findet.

Zum ersten Mal erscheint mit dieser Denkschrift eine Veröffentlichung der Internationalen Aerologischen Kommission im Format der Protokolle der Internationalen Meteorologischen Organisation. Ich komme damit einem Wunsche des Komitees nach, der in Salzburg geäußert worden ist: Das Format hat für Veröffentlichungen allgemeiner Art gewisse Mängel, ich habe sie im Interesse des Ganzen in Kauf genommen.

Mein Wunsch, den ich auch dieser Denkschrift mitgebe, ist, daß sie ebenso wie diejenige über Radiosonden und die demnächst erscheinende über Aerologische Diagrammpapiere dazu beitragen möge, die verschiedenen Methoden und Konstruktionen bekannt zu machen und dadurch zu einem Ausgleich innerhalb der aerologischen Arbeit zu führen, den wir heute, wo die Aerologie nicht mehr nur Forschungssache, sondern Sache des praktischen Dienstes ist, brauchen, damit sich nicht die Landesgrenzen als Diskontinuitätsflächen in der Atmosphäre und ihrer Erforschung bemerkbar machen. Deshalb wünsche ich möglichst umfangreiche Diskussion dieser Denkschrift und möglichst vielseitige Ergänzung.

Berlin, den 16. 8. 1938.

Prof. Dr. L. Weickmann
Präsident der Internationalen
Aerologischen Kommission.

Inhalt

1. Allgemeines: Aufgaben der Meteorographen

Meteorographen dienen zur selbständigen Aufzeichnung meteorologischer Elemente, insbesondere von Luftdruck, Temperatur, Feuchtigkeit und Windgeschwindigkeit. Man spricht von einem Meteorographen, wenn *mehrere* Elemente gleichzeitig aufgezeichnet werden, während man die Instrumente, die nur den Luftdruckgang aufzeichnen, als Barographen und entsprechend Temperatur- oder Feuchtigkeitsschreiber als Thermographen bzw. Hygrographen bezeichnet. Die Zusammenstellung der Meßelemente ist je nach den besonderen Zwecken, denen der Meteorograph dienen soll, verschieden. Hier sollen nur *aerologische* Meteorographen betrachtet werden, das heißt solche Geräte, die zur Erforschung der freien Atmosphäre verwendet werden.

Jeder aerologische Meteorograph enthält ein Meßelement für den Luftdruck und eines für die Lufttemperatur, in vielen Fällen sind Meßelemente für die Feuchtigkeit eingebaut. Meßelemente für die Windgeschwindigkeit finden sich fast nur in den Meteorographen für Verwendung im Drachen.

Als Meßelemente für den Luftdruck werden *Bourdonrohre* und *Vididosen* verwendet.

Als Meßelemente für die Temperatur wurden früher ebenfalls meist *Bourdonrohre* benutzt, heute zieht man, wegen der geringeren Trägheit *Bimetall-Thermometer* vor, die entweder zungenförmig oder ringförmig (Abb. 1)*) gestaltet werden.

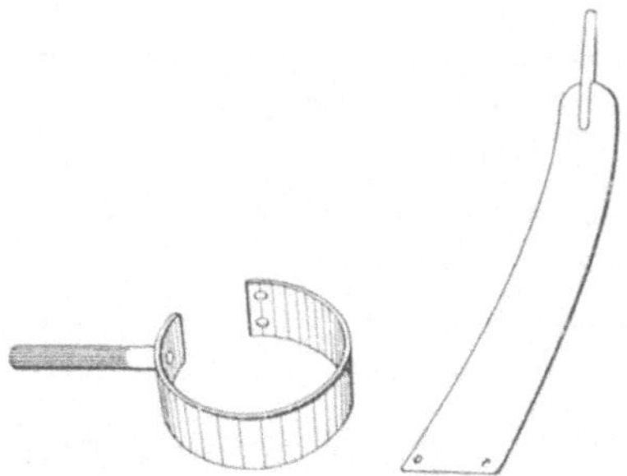

Abb. 1. Bimetall-Thermometerformen.

Zur Messung der Luftfeuchtigkeit dienen, von einigen Sonderfällen abgesehen, wo man mit Psychrometeranordnungen (trockenes und feuchtes Thermometer) arbeitet, Menschenhaare, die früher in Zöpfen, heute oft in Harfenform angeordnet werden, um größere Empfindlichkeit zu erzielen.

Als Anzeigegerät für die *Windgeschwindigkeit* wurde zunächst das *Robinsonsche Schalenkreuz* verwendet, heute benutzt man ausschließlich das von Aßmann eingeführte *Woltmannsche Flügelrad*.

---

*) Aus: Kleinschmidt, Handb. d. meteorol. Instr., Berlin, Julius Springer, S. 33.

Um die einzelnen gemessenen Elemente nebeneinander aufzuzeichnen und ihre Zuordnung eindeutig zu gestalten, dient bei vielen aerologischen Meteorographen ein Uhrwerk zur Umdrehung einer Trommel, auf deren Außenwand ein Registrierpapier oder meist die 1900 von Teisserenc de Bort eingeführte berußte Metallfolie liegt. Auf dieser Trommelbelegung schreiben die verschiedenen Meßelemente mit Federn, die entweder mit Tinte gefüllt sind (für Papierregistrierung) oder mit Spitzen in den Ruß der Metallfolie schreiben.

Um das Gewicht des Uhrwerks zu sparen, ist daneben eine große Zahl von Konstruktionen bekannt geworden, bei denen die Registrierfläche *anders* bewegt wird. Manche derartige Konstruktionen zeichnen unmittelbar „Zustandskurven" auf (Temperatur und Feuchtigkeit in Abhängigkeit vom Luftdruck), die Art von Instrumenten hat den Nachteil, daß man keinen sicheren Anhalt über die Größe der Ventilation hat, die für die Beurteilung der Realität der Registrierkurven manchmal von Wichtigkeit ist. Wieder andere Geräte verwenden Luftschrauben zur Bewegung der Registriertrommel.

Alle rein technischen Einzelheiten über die verschiedenen aerologischen Meteorographen werden im folgenden nur gestreift. Genaueres über diese Fragen ist aus der Spezialliteratur bzw. aus Handbüchern zu entnehmen. Nur, wo Beschreibungen der Meteorographen nicht an leicht zugänglicher Stelle erschienen sind, wird etwas eingehender berichtet.

Nach der verschiedenen Verwendung unterscheidet man:

1. Drachenmeteorographen: stabile Geräte mit Meßbereich von etwa 0—7 km Höhe.

2. Fesselballonmeteorographen: stabile Geräte, bei denen vor allen Dingen auf guten Strahlungsschutz bzw. gute Ventilation geachtet wird. Meßbereich etwa 0—7 km Höhe.

3. Registrierballonmeteorographen: leichte Geräte mit gutem Strahlungsschutz, Meßbereich 0—30 km.

4. Flugzeugmeteorographen: stabile Geräte mit guter aerodynamischer Form, Meßbereich 0—10 km.

5. Radiosondemeteorographen: Meteorographen, die mit Hilfe von kleinen Funksendern die gemessenen Werte zum Boden melden. Diese Geräte werden hier nicht behandelt, da über ihre Konstruktion bereits in einer früheren Denkschrift eingehend berichtet worden ist.*)

In der Praxis sind die vier zuerst genannten Arten von Instrumenten nicht scharf voneinander zu trennen: Der Flugzeugmeteorograph hat sich ebenso aus dem Drachenmeteorographen entwickelt, wie der Fesselballonmeteorograph. Da gerade die *Entwicklung* sehr viel interessante Momente bietet, soll hier kurz ein geschichtlicher Rückblick auf das Werden des heutigen aerologischen Meteorographen geworfen werden.

---

*) Über Radiosonde - Konstruktionen, Internat. Aerolog. Kommission, Berlin 1937.

2. Geschichtlicher Rückblick auf die Entstehung der Meteorographen

a. In Deutschland

Der Beginn der Erforschung der freien Atmosphäre lag bei dem *bemannten Ballon*. Die Meßgeräte waren gewöhnliche Barometer, Thermometer und Hygrometer, wie sie z. B. *J. Glaisher* bei seinen berühmt gewordenen Fahrten benutzte. Die Abb. 2*) gibt eine Ansicht der von diesem Gelehrten im Frei-

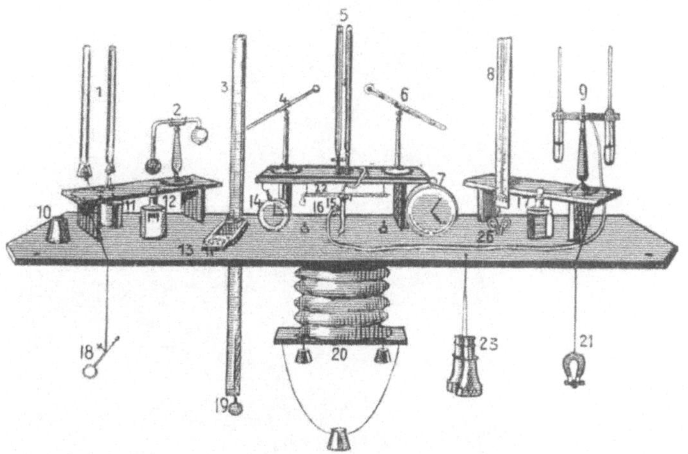

Abb. 2. Glaishers Instrumente.

ballonkorb verwendeten verschiedenen Geräte. *R. Aßmann* führte das Aspirationspsychrometer ein und schuf damit die Möglichkeit zu einwandfreien Temperatur- und Feuchtigkeitsmessungen im Freiballon. Die wissenschaftlichen Luftfahrten des Berliner Vereins für Luftfahrt waren — worauf Aßmann immer wieder hingewiesen hat, — in ihren Ergebnissen nur durch das Aspirationspsychrometer möglich.

Der Aufstieg mit bemanntem Ballon ist stets ein einmaliges Unternehmen mit besonderem Programm: Weitgehend ist deshalb bei dieser Art von Aufstiegen immer von der Augenablesung guter Instrumente Gebrauch gemacht worden. Der Meteorograph, der auch für Fahrten im bemannten Ballon konstruiert wurde, war daher etwas nebensächlich. Auf seine endgültige Durchbildung ist darum auch kein besonderer Wert gelegt worden. Aßmann konstruierte einen derartigen Meteorographen, der in der Abb. 3**) wiedergegeben ist. Es handelt sich um ein Gerät mit 3 Registriertrommeln für Luftdruck, Temperatur und Feuchtigkeit, das mit einem Kontrollpsychrometer versehen

---

*) Nach Zeitschrift für Luftschiffahrt 11 (1892), S. 35.
**) Aus: Wiss. Luftfahrten, Vieweg, Braunschweig 1900, Band II, S. 630, Fig. 294.

ist und mittels Seilzug ventiliert wird, während es an dem Seil langsam abwärts sinkt. Das ganze Gerät wiegt 8,5 kg.

Erst als neben den bemannten Ballon der unbemannte Ballon und der

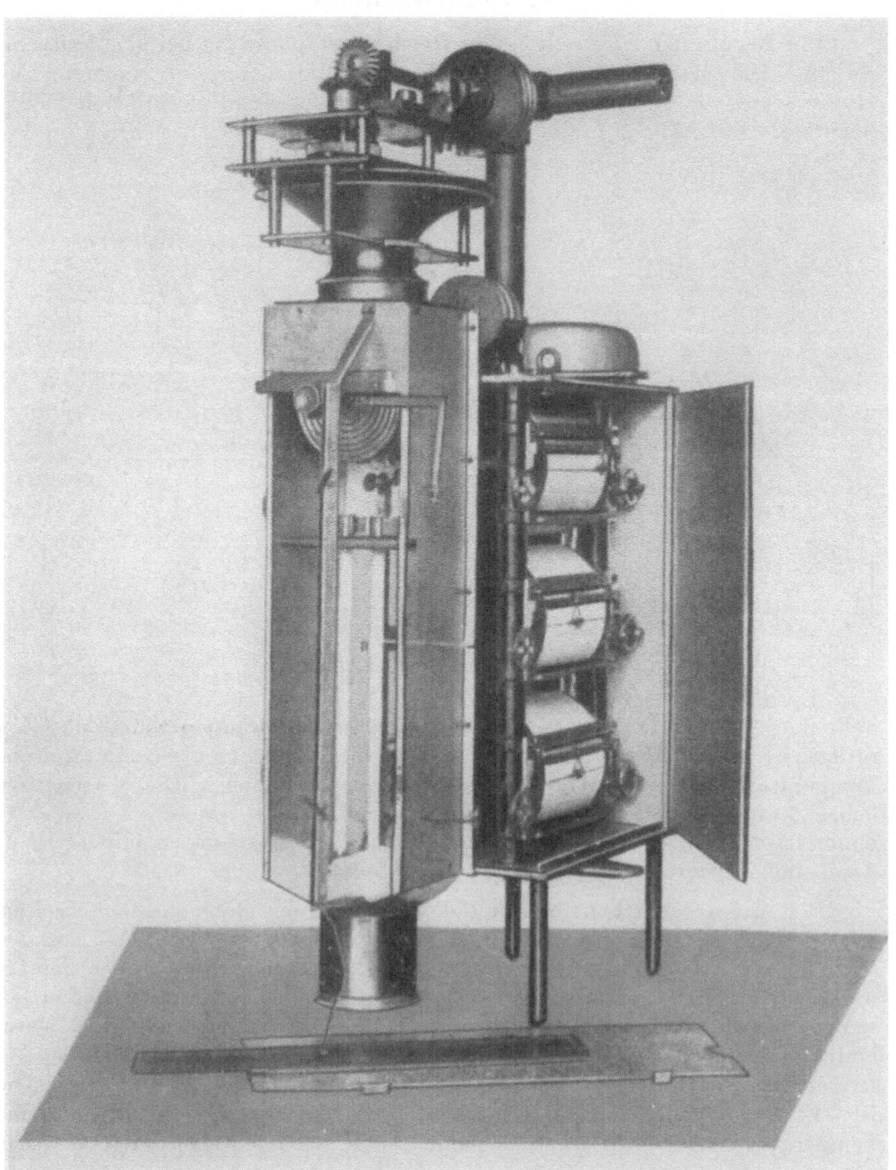

Abb. 3. Aßmanns Meteorograph für bemannte Ballone.

Drachen trat, ergab sich die zwingende Notwendigkeit von Meteorographen. In *Deutschland* haben dabei drei Stellen besonders an der Ausbildung von Meßgeräten gewirkt: *Reinickendorf-Lindenberg, Straßburg* und *Friedrichshafen*.

Aßmann war es, der in Reinickendorf, später Lindenberg am Aeronautischen Observatorium diese Frage in die Hand nahm. Ein Gerät von Richard in Paris, das auf Veranlassung von Rotch gebaut wurde, wurde von Aßmann mit Strahlungsschutz und Schutz für das Anemometer versehen. Das Gerät ist in der Abb. 4 ohne Schutzkasten wiedergegeben, während die Abb. 5*) das Gerät fertig zum Aufstieg zeigt.

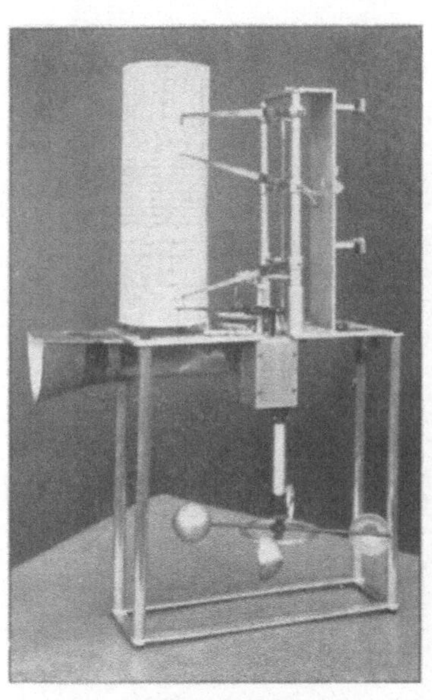

Abb. 4. Richard-Meteorograph,
mit Strahlungsschutz.

Abb. 5. Richard-Meteorograph,
mit Schutzkasten.

Man erkennt, daß dieses Gerät noch mit Windfahne arbeitet, weil es an der Endkausche des Drachendrahtes unterhalb des Drachens aufgehängt wurde. Die Windfahne war daher notwendig, um das Gerät immer in den Luftstrom zu stellen.

Aßmann verbesserte ferner den Marvin-Meteorographen (s. S. 21), indem er anstelle des Schalenkreuzanemometers das Woltmannsche Flügelrad setzte und einige sonstige Verbesserungen anbrachte. Ein Bild des Apparats ist in Abb. 6**) wiedergegeben.

*) Aus: Arbeiten Aeronaut. Obs. 1900 und 1901, Asher & Co., Berlin 1902, S. 38 u. 39.
**) Aus: R. Aßmann, Das Aeronaut. Obs. Lindenberg, Vieweg, Braunschweig 1915, S. 196 und 197.

Um das schwere Uhrwerk zu vermeiden, konstruierte Aßmann ein Gerät,
bei dem ein Bourdon-Thermometer die Registriertrommel dreht, während eine

Abb. 6. Verbesserte Form des Marvin-Meteorographen mit Flügelrad-Anemometer.

von einer Vididose bewegte Feder den Luftdruckverlauf aufzeichnet. Dieses
Gerät ist in der Abb. 7*) dargestellt. In dem in Abb. 8*) wiedergegebenen
Gerät, ebenfalls Aßmannscher Konstruktion, bewegt ein Satz von Vididosen
die Registriertrommel, während ein Bimetall-Thermometer mit Strahlungsschutz eine Feder bewegt. Der gleiche Gedanke, Gewicht am Registrierapparat

*) Aus: Arbeiten des Aeron. Obs. 1900/1901, Asher & Co., Berlin 1902, S. 42 u. 43.

12

zu sparen und damit kleinere Gummiballone für hohe Aufstiege verwenden
zu können, wird in Lindenberg noch wiederholt verfolgt. So entstand der
Meteorograph nach *Kirchner*, der in Abb. 9*) abgebildet ist.

Abb. 7. Meteorograph ohne Uhr
von Aßmann.

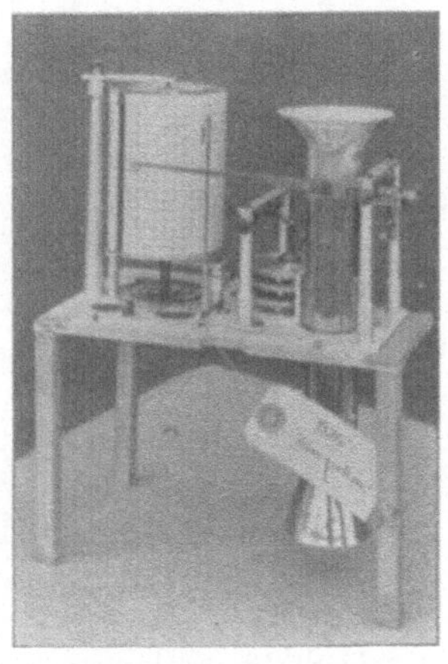

Abb. 8. Meteorograph ohne Uhr
von Aßmann.

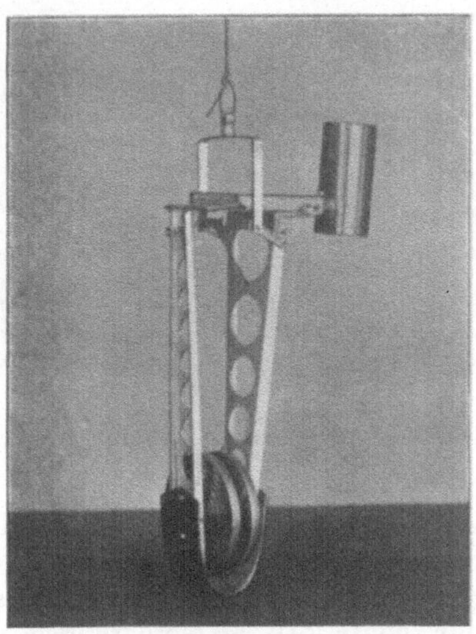

Abb. 9. Meteorograph nach Kirchner.

---

*) Aus: Arb. Obs. Lindenberg 1911, Vieweg, Braunschweig 1912, S. XXV.

Aßmann selbst aber kommt doch wieder auf die Verwendung eines Uhrwerks zum Antrieb der Registriertrommel zurück: Es entstand der Kleinmeteorograph, von dem Abb. 10*) eine Ansicht ohne Schutzkasten, Abb. 11*) eine solche mit Schutzkasten und Abb. 12*) eine Ansicht fertig zum Aufstieg wiedergibt.

Abb. 10. Kleinmeteorograph nach Aßmann ohne Schutzkasten.

Abb. 11. Kleinmeteorograph nach Aßmann mit Schutzkasten.

Bei länger dauernden Aufstiegen kann das Durcheinanderlaufen der Kurven (das man oft dadurch vermeidet, daß man den Gang des Uhrwerks durch eine Sperrvorrichtung nach einem oder zwei Trommelumläufen anhält) zu Schwierigkeiten führen. Aßmann baute den Meteorographen mit großer Registrierfläche, der gleichzeitig Geradführung der Registrierfedern durch Schnüre ver-

*) Aus: Arb. Aeronaut. Obs. Lindenberg 1911, Vieweg, Braunschweig 1912, S. XXIII.

14

wendete: Eine Konstruktion, die in Abb. 13*) wiedergegeben ist, die sich aber
in der Praxis auf die Dauer wegen des komplizierten Aufbaus nicht recht be-
währte.

Abb. 12. Kleinmeteorograph nach Aßmann
fertig zum Aufstieg.

Abb. 13. Meteorograph nach Aßmann
mit großer Registrierfläche und Feder-Geradführung.

*) Aus: Arb. Aeronaut. Obs. 1901/02, Asher & Co., Berlin 1904, S. III.

Der in der Abb. 14*) dargestellte Meteorograph wurde dagegen mit dem speziellen Zweck konstruiert, eine sicher ausreichende Ventilation des Thermometers in Stratosphären-Höhe zu erreichen. Schon 1903 erhoben sich Stimmen,

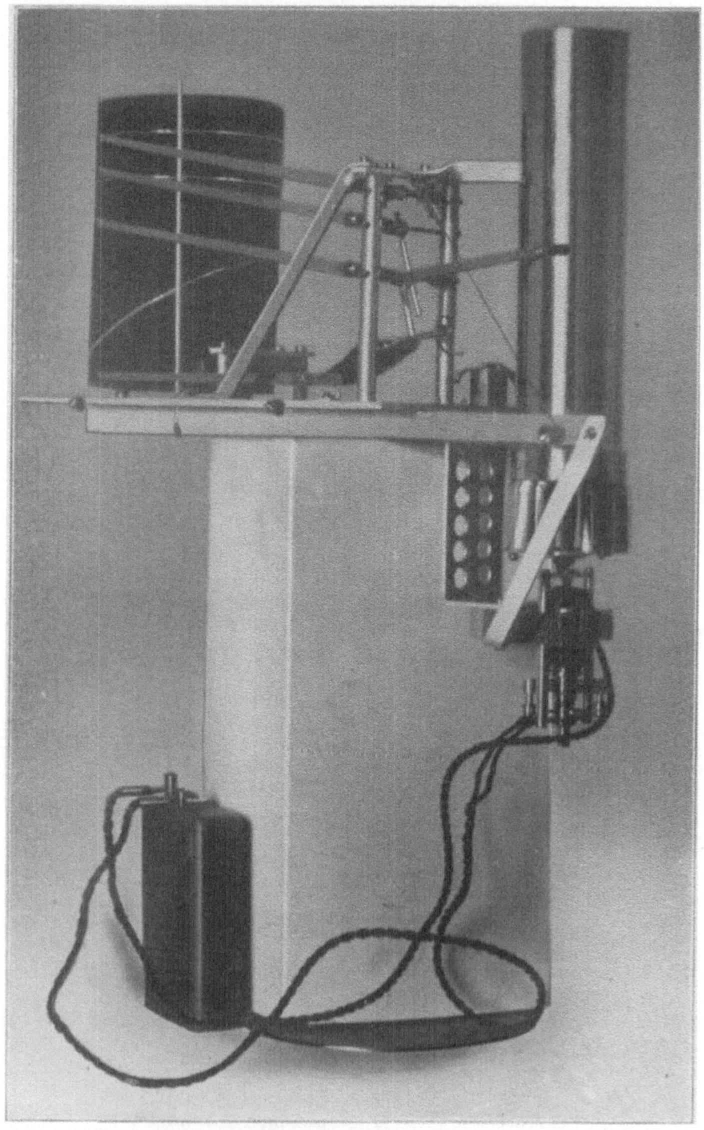

Abb. 14. Meteorograph nach Aßmann mit künstlicher Ventilation.

*) Aus: Arb. Aeronaut. Obs. Lindenberg 1907, Vieweg, Braunschweig 1908, S. XIII.

die der Meinung Ausdruck gaben, die Stratosphäre sei nur eine „Verstrahlungs-
erscheinung“. Aßmann baute an einen Meteorographen einen elektrisch be-
triebenen „Scirocco“-Ventilator an und erzielte auf diese Weise einen aus-
reichenden Luftstrom an dem Thermometer entlang. Ein ähnlicher Versuch
war übrigens schon 1898 von Rykatchew gemacht worden, der eine Ventilationsvorrichtung für Meteorographen beschrieb, die durch das eigene Gewicht
mit Schnurantrieb in Tätigkeit gesetzt wurde.*) Das Prinzip dieses Geräts
wird in Abb. 15 erläutert. Es ähnelt in seinem Betrieb dem auf S. 10 abge-
bildeten Meteorographen für Aufstiege mit bemanntem Ballon.

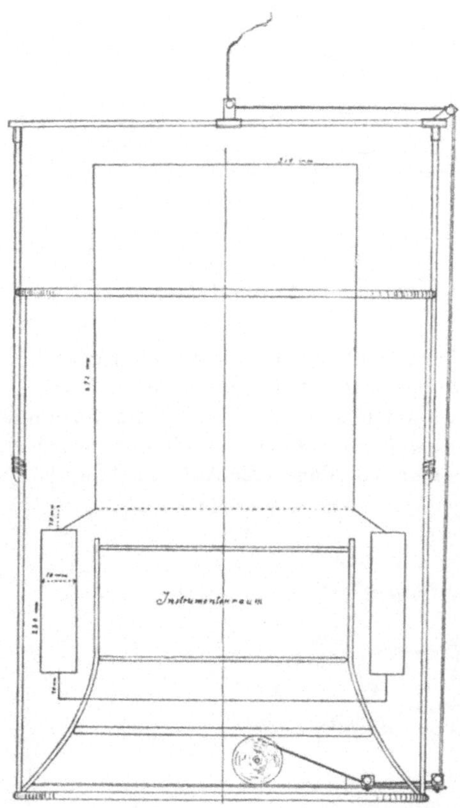

Abb. 15. Ventilationsvorrichtung nach Rykatchew.

Aus der Zeit nach dem Kriege stammt eine Meteorographen-Konstruktion
von *Stüve*, die bestimmt war, Temperaturmessungen mit möglichst kleinen
Ballonen zu ermöglichen. Ein Windrad (A) dreht eine Registriertrommel (C),

---

*) Aus: Prot. I. A. K. Straßburg 1898, S. 115.

auf der nur ein Bimetall-Thermometer (B) schreibt. Zur Gewichtsersparnis ist hier also nicht nur auf das Uhrwerk, sondern auch auf das Barometer verzichtet, um das Auflassen des Apparats an einem Pilotballon zu ermöglichen (Abb. 16)*). Im Grunde handelt es sich hier also um einen Thermographen.

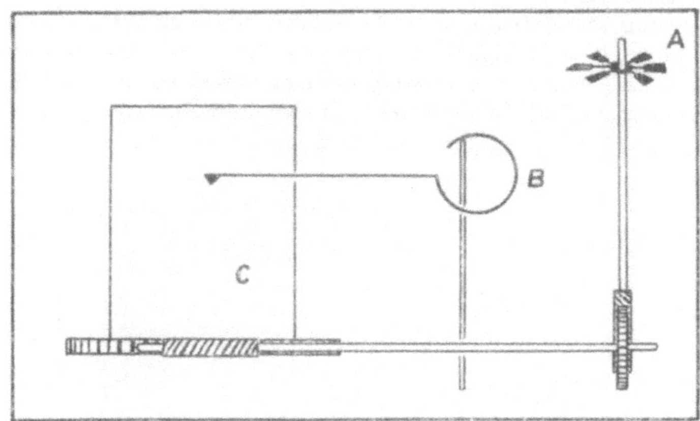

Abb. 16. Schema des Leicht-Thermographen nach Stüve.

Als zweite Stelle in Deutschland, die an der Entwicklung des aerologischen Meteorographen beteiligt war, ist die durch ihren Direktor *Hergesell* besonders eng mit der internationalen aerologischen Arbeit verbundene *Straßburger Meteorologische Landesanstalt* zu nennen. Auch dort wurden die verschiedensten Konstruktionen versucht, von denen die Abb. 17**) und 18**) zwei verschiedene

Abb. 17. Drachen-Meteorograph
nach Hergesell.

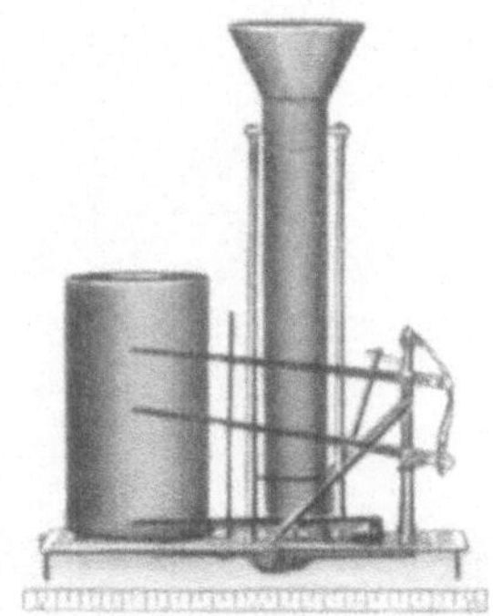

Abb. 18. Registrierballon-Meteorograph nach Hergesell mit Röhrenthermometer.

---

*) Abb. nach besonderer Mitteilung von Prof. Dr. M. Robitzsch, Berlin.
**) Aus: Prot. I. A. K. St. Petersburg 1904, S. 164 u. 165.

18

Beispiele geben. Die Abb. 17 zeigt einen Meteorographen aus dem Jahre 1904
mit Bourdon-Barometer, Bimetall-Thermometer und Haarbündel, der in der
äußeren Form noch lebhaft an den Meteorographen von Teisserenc de Bort
(s. S. 23) erinnert. Das Gerät war für Aufstiege mit Drachen bestimmt. Die
Abb. 18 zeigt den Meteorographen mit Röhrenthermometer Modell 1904, ein
Gerät, das wegen seiner Empfindlichkeit und seines guten Strahlungsschutzes
seinerzeit weit verbreitet war.

Bald kam man aber in Straßburg auf eine gewisse Apparatentype, die sich
bis heute wenig verändert erhalten hat. Die Abb. 19*) zeigt das Gerät in einer
älteren Form. Der neuen Form werden wir im dritten Abschnitt nochmals
begegnen (s. S. 36).

Abb. 19. Registrierballon-Meteorograph nach Hergesell.

Auch in Straßburg mußte man sich mit der Frage der Ventilation in großer
Höhe auseinandersetzen. Hergesell konstruierte 1904 einen Meteorographen
mit elektrischem Ventilator, zunächst für die Verwendung im bemannten
Ballon, dessen Aussehen aus der Abbildung 20**) zu entnehmen ist. Das Bild
zeigt die Ausführung des Geräts nach kleinen Verbesserungen im Jahre 1909.

Nach der Gründung der *Drachenstation am Bodensee*, des jetzigen Aerologischen Observatoriums des Reichsamts für Wetterdienst in Friedrichshafen,
war es vor allem *Kleinschmidt*, der sich die Entwicklung von Meteorographen,

---

*) Aus: R. Aßmann, Das Aeronaut. Obs. Lindenberg, Vieweg, Braunschweig
1915, S. 198.
**) Aus: Prot. I. A. K. St. Petersburg 1904, S. 166.

besonders für Drachen- und Fesselballone, angelegen sein ließ. Diese Geräte sind auch heute noch in weitem Maße in Gebrauch, wir kommen deshalb auf sie im dritten Abschnitt (S. 37 und 38) noch besonders zurück.

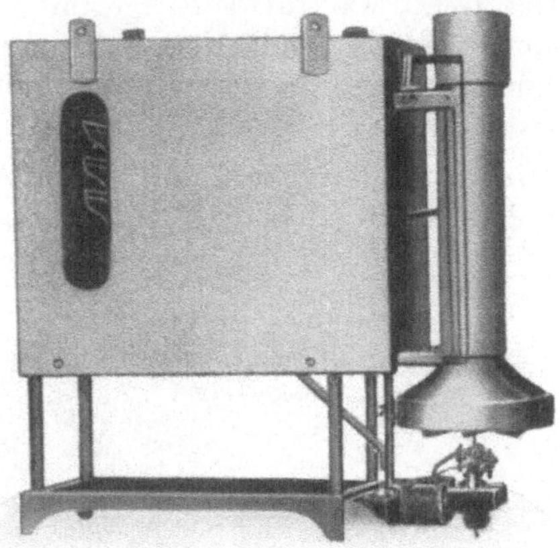

Abb. 20. Meteorograph mit künstlicher
Ventilation nach Hergesell.

Eine elektrische Aufzeichnung der verschiedenen Elemente anstelle der mechanischen hat für die Aerologie wohl zuerst *P. Lautner**) praktisch erprobt. Die Methode ist sehr einfach zu schildern: Widerstandsthermometer dienen als Temperaturmeßgerät, ein Kreuzspulengalvanometer als Anzeigeinstrument. Der Zeiger des Galvanometers spielt über einem Spalt, über dem eine Beleuchtungsvorrichtung liegt, während unter dem Spalt photographisches Papier bewegt wird. Die Registrierung wird ein weißer Strich auf dunklem Grund. Zur Höhenbestimmung sieht Lautner Vididosen oder ein photogrammetrisches Verfahren vor, bei dem Aufnahmen senkrecht nach unten in der Größe des aufgenommenen Geländes ein Maß für die Höhe liefern: ein Verfahren, das offensichtlich nur für die Fälle brauchbar ist, in denen über bekanntem Gelände Erdsicht herrscht. Der erste praktisch ausgebaute Apparat hatte sehr großes Gewicht (etwa 10 kg). Über die weitere Entwicklung ist bisher aus der Literatur nichts bekannt geworden.

b. In Nordamerika

Auch in *Nordamerika* hat die Entwicklung aerologischer Meteorographen an mehreren Stellen gleichzeitig eingesetzt. *Marvin* konstruierte für den Gebrauch an den Drachenstationen des U. S. Weather Bureau seinen Drachenmeteorographen, der zunächst ebenfalls unter dem Drachen aufgehängt und deshalb mit Windfahne versehen war. Ein Bild dieses Geräts gibt die Abbildung 21**).

---

*) Erfahrungsberichte des Deutschen Flugwetterdienstes **7** (1933), S. 218—225.
**) Aus: Arbeiten Aeronaut. Obs. 1900 und 1901, Asher & Co., Berlin 1902, S. 40.

Daneben entstand auf Anregung von *Rotch* (Blue Hill-Observatory) bei *Richard* in Paris ein Meteorograph, der dem in Abb. 4 und 5 wiedergegebenen Gerät ähnelte, nur daß die dort dargestellten Geräte Strahlungsschutz besitzen. Dieses Gerät wird auch heute noch erzeugt, und wir kommen deshalb im 3. Abschnitt darauf zurück (S. 54).

Als drittes amerikanisches Gerät muß schließlich der Registrierballonmeteorograph von *Fergusson* erwähnt werden, der ebenfalls heute noch in Benutzung ist und deshalb auch im 3. Abschnitt besonders erwähnt wird (S. 48).

Abb. 21. Marvin-Meteorograph, alte Form
mit Schalenkreuz-Anemometer.

c. In Frankreich

Wahrscheinlich der älteste im Registrierballon verwendete aerologische Meteorograph ist das von *Hermite* und *Besançon* entworfene, in Abbildung 22*) wiedergegebene Gerät, bei dem ein Vididosensatz B eine Feder S bewegt, die auf einer berußten Glasplatte P schreibt. Die Länge des Striches gestattet eine Ausmessung des Luftdruckes unter der Luftpumpenglocke und damit eine Angabe über die erreichte Höhe. Die tiefste und höchste Temperatur gibt ein Sixthermometer an. Dieses Gerät wurde am 8. IX. 1892 verwendet. Später haben Hermite und Besançon dann Geräte verwendet, die schon mehr unseren Meteorographen ähneln: ein solches Gerät ist in Abbildung 23**) wiedergegeben. Als bei den Aufstiegen häufiger die Kurven ausgewischt wurden, wurde ein Gerät verwendet, bei dem die Kurven bis auf schmale Schlitze abgedeckt wurden: ein Bild von einem solchen Gerät, das als Thermometer eine Bimetallspirale verwendet, ist in Abbildung 24*) wiedergegeben.

---

*) Nach W. de Fonvielle. Les Ballons-sondes, Paris, Gauthier-Villars 1899, S. 13 u. 30
**) Aus: Arb. Aeronaut. Obs. 1900 und 1901, Asher & Co., Berlin 1902, S. 41.

L. Teisserenc de Bort in Trappes war derjenige, der die erste Entwicklung der aerologischen Instrumente vielleicht am meisten vorangetrieben hat und dessen Augenmerk von Anfang an darauf gerichtet war, daß nur wirklich einwandfreie Meßgeräte vergleichbare Messungen liefern könnten. Sein Gerät wurde in einem Korkholz-Kasten mit dicker Watte so verpackt, daß nur das Thermometer der Luft ausgesetzt war. Strahlungseinflüsse vermied Teisserenc de Bort, indem er die Aufstiege nur zur Nachtzeit machte.

Abb. 23. Meteorograph nach
Hermite und Besançon.

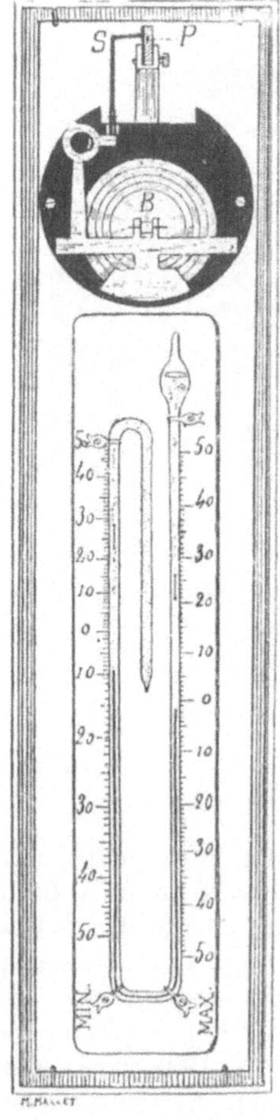

Abb. 22. Meteorograph nach
Hermite und Besançon.

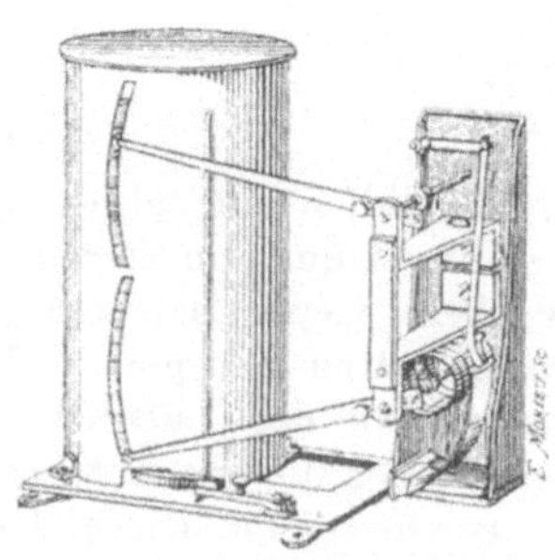

Abb. 24. Meteorograph nach
Hermite und Besançon
mit Kurvenschutz.

Spätere Ausführungen dieses Geräts zeigen Bimetall-Thermometer, die vom Instrumentenkörper durch einen Hartgummiblock getrennt waren, um Einflüsse durch Wärmeleitung zu vermeiden. Um den Findern gleich den Inhalt des Kastens zu zeigen — und damit unbefugtes Öffnen zu vermeiden, verwendet Teisserenc de Bort Glimmer-Kästen an Stelle der Korkholz-Kästen. Schließlich werden Versuche mit Strahlungsschutz und mehrfachen Thermometern gemacht. Drei Instrumente aus dieser späteren Zeit zeigt die Abb. 25*). Dabei ist das Gerät ganz links besonders bemerkenswert, weil es mit zwei verschiedenen Thermometern ausgerüstet war. In der Mitte ist ein Korkholz-Kasten zu einem besonders leichten Gerät (durchbrochene Registriertrommel) dargestellt, die Apparate rechts und links haben Glimmer-(Mica-)Kästen.

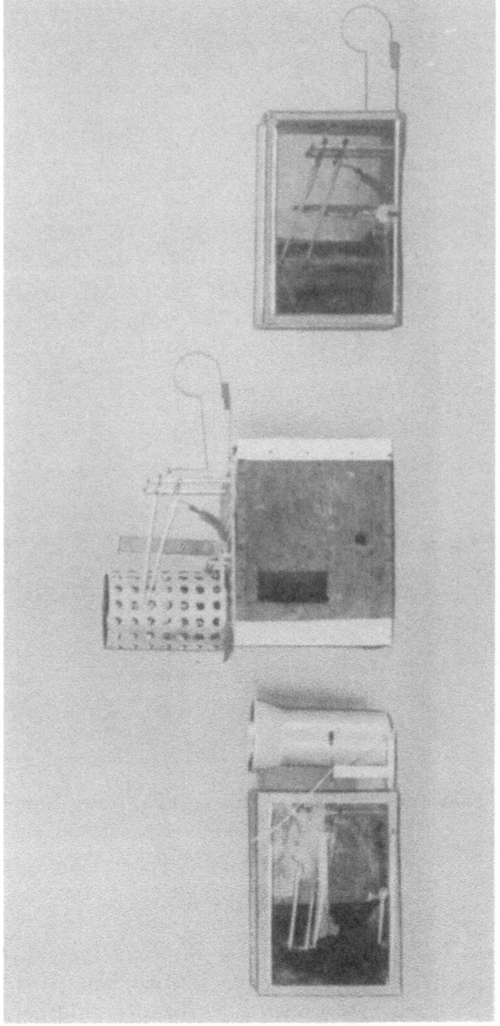

Abb. 25. Drei verschiedene Typen von Meteorographen nach Teisserenc de Bort.

*) Aus: Annals Astron. Obs. Harvard College, **68** (1909), Part I, Tafel 1

In der Abb. 26*) ist endlich ein derartiger Meteorograph fertig zum Aufstieg dargestellt.

Meteorographen vom Typ Teisserenc de Bort sind auch heute noch im Gebrauch: wir kommen deshalb auf dieses Gerät im 3. Abschnitt noch einmal zurück (s. S. 54).

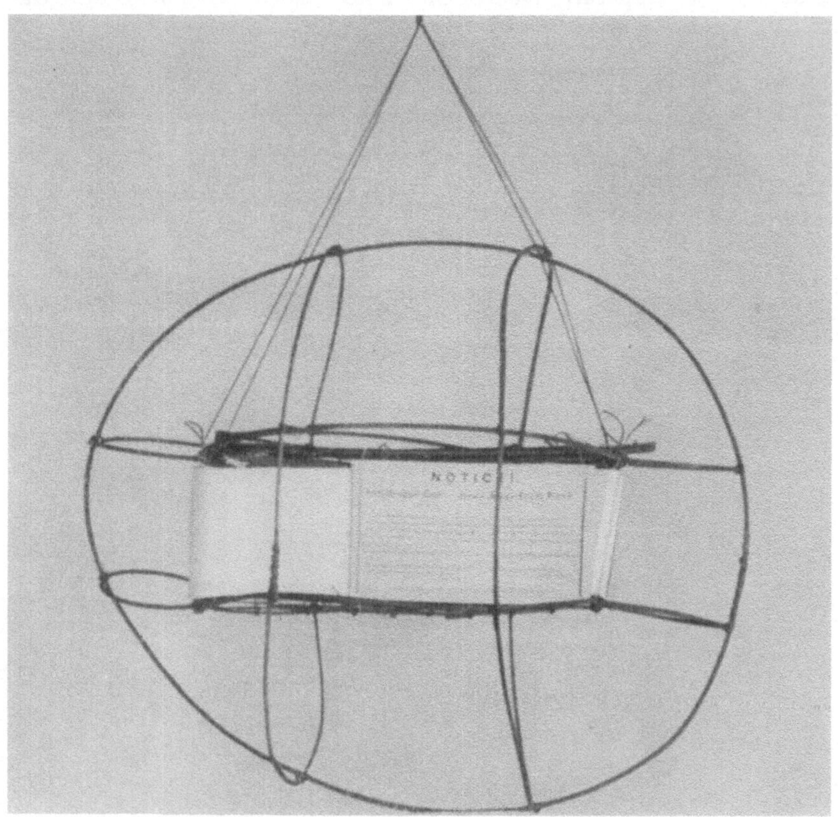

Abb. 26. Teisserenc de Bort-Meteorograph fertig zum Aufstieg.

d. In Großbritannien

In *Großbritannien* ist vor allen Dingen *W. H. Dines* zu nennen, wenn die Entwicklung aerologischer Meteorographen besprochen wird. Sein Registrierballonmeteorograph ist auch heute noch in Gebrauch und genießt wegen seines

---

*) Aus: Annals of the Astron. Obs. of Harvard College, Vol. **68**, Part 1, Cambridge 1909, Tafel 1.

geringen Gewichts in vielen Ländern besonderes Ansehen. Wir kommen im 3. Abschnitt noch einmal auf dieses Gerät zurück. Ein altes Modell des Dines-Meteorographen ist in Abb. 27*) wiedergegeben.

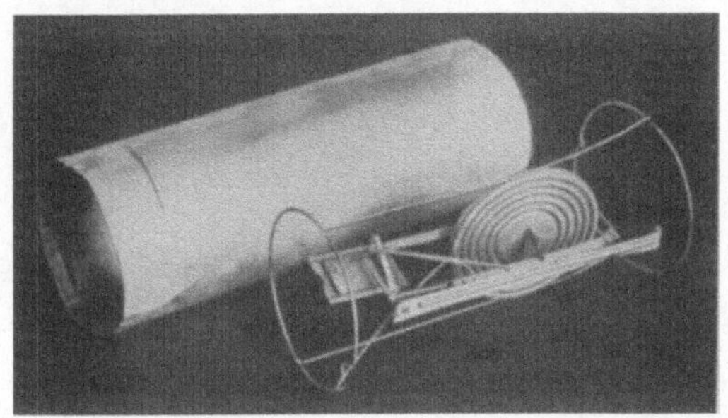

Abb. 27. Dines-Meteorograph (altes Modell).

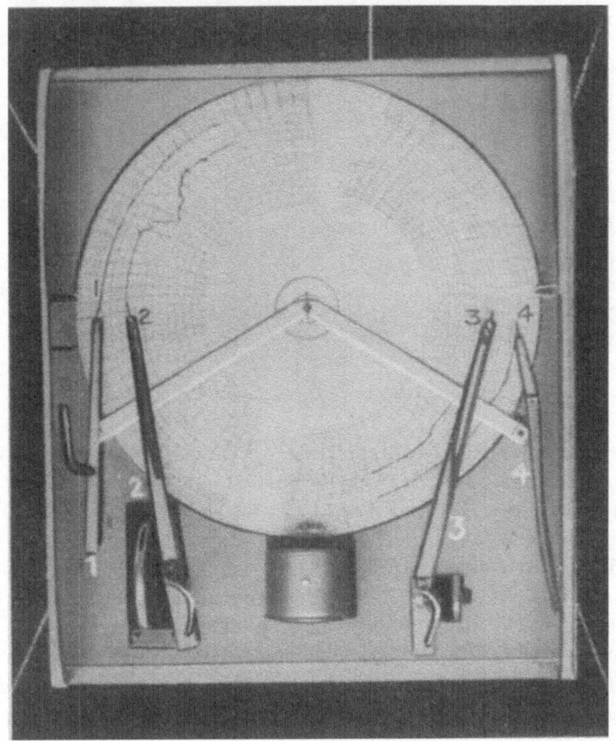

Abb. 28. Drachenmeteorograph nach Dines, Vorderansicht.

*) Aus: R. Aßmann, Das Aeronaut. Obs. Lindenberg, Vieweg, Braunschweig 1915, S. 198.

Auch für Drachenaufstiege baute Dines einen besonderen Meteorographen, von dem Abb. 28*) eine Vorder-, Abb. 29*) eine Rückansicht darstellt.

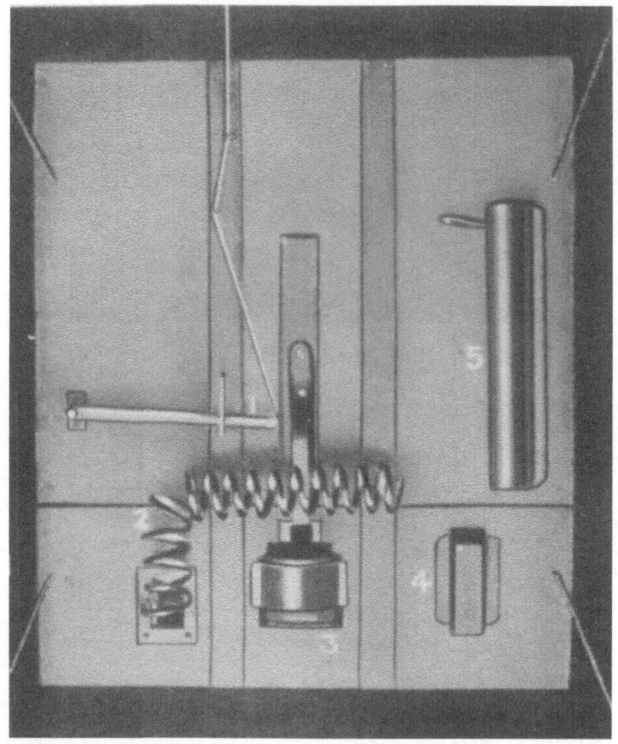

Abb. 29. Drachenmeteorograph nach Dines, Rückansicht.

Das Gerät nach Dines ist bemerkenswert, weil es alle Registrierungen in einer Ebene vornimmt. In der *Vorderansicht* ist 1 die Anzeige der Windgeschwindigkeit, 2 die der Temperatur, 3 die des Luftdrucks, 4 die der Feuchtigkeit. In der *Rückansicht* bezeichnet 1 die Vorrichtung für die Messung der Windgeschwindigkeit (ein leichter Ball hängt an einem starken Faden, je nach der Windgeschwindigkeit wird der Faden angezogen und bewegt den Hebel 1). Das flüssigkeitsgefüllte Rohr 2 bewegt sich mit Änderungen der Temperatur. 3 ist das Uhrwerk, das die Registrierfläche auf der Vorderseite mit Hilfe eines Friktionsrädchens herumdreht. 4 ist die Vididose, die einen besonderen Schutzkasten besitzt, 5 das Haarhygrometer. Dieser Meteorograph scheint nur von Dines selbst benutzt worden zu sein. Vergleichsversuche, die Aßmann in Lindenberg anstellen ließ, sind offenbar nicht zu Ende geführt worden.

---

*) Aus: W. H. Dines, Collected Scient. Papers, R. Meteorol. Soc. London 1931, S. 194.

e. In Italien

In *Italien* hat sich in älterer Zeit vor allen Dingen *Palazzo* um die Konstruktion von Meteorographen bemüht. Sein Meteorograph mit Gerad-Führung der Schreibfedern ist in der Abb. 30*) dargestellt.

Abb. 30. Meteorograph nach Palazzo mit Feder-Geradführung.

Das Gerät hat Bourdon-Barometer, Bimetall-Thermometer in Strahlungsschutz und Haarhygrometer.

In späterer Zeit hat *Di Maio* einen uhrwerklosen Meteorographen gebaut, bei dem die Registriertrommel über Hebel und Zahnrad durch den Luftdruck bewegt wird. Eine Feder an einem Bimetall-Thermometer registriert auf dieser Trommel.

---

*) Aus: Prot. I. A. K. Wien 1912, S. 160.

Gamba versucht die Konstruktion von *Hergesell-Bosch* möglichst leicht zu machen, ohne die Stabilität zu verschlechtern und benutzt z. B. ein leichteres Uhrwerk.

Aidere endlich, dessen Konstruktion in Abb. 31*) wiedergegeben ist, benutzt für das Gestell des Apparats Spezialstahl, stellt das Thermometer in den Luftstrom und sorgt dafür, daß die Registriertrommel in Arbeitsstellung ohne Störung des Uhrwerks gedreht werden kann, was für die Anbringung der Zeitmarken von Bedeutung ist.

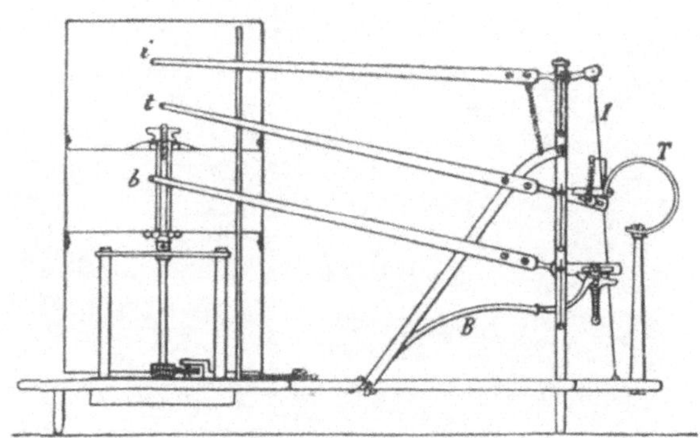

Abb. 31. Meteorograph nach Aidere.

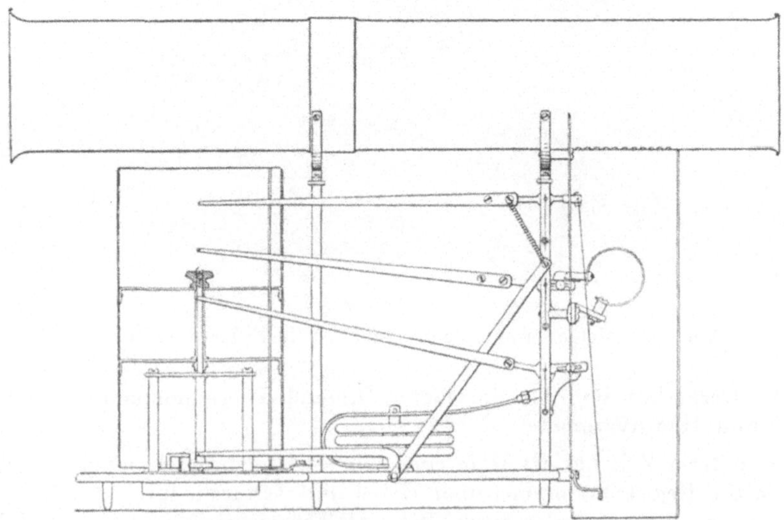

Abb. 32. Meteorograph nach Eremarc.

---

*) Aus: Eredia, Strumenti di Meteorol. ed Aerol. G. Bardi, Rom 1936, S. 371.

Der Flugzeugmeteorograph von *Eremarc* endlich, der in Abb. 32*) wiedergegeben ist, verwendet hochempfindliche Bimetall-Thermometer, Vididosen-
Barometer und Haarhygrometer. Besonders bemerkenswert ist die Führung
des Luftstroms, der im Flugwind waagerecht durch das in der Abbildung oben
liegende Rohr streicht und dabei durch den rechten senkrechten Kanal Luft
an Thermometer und Hygrometer entlang ansaugt.

f. In Rußland

In *Rußland* hat sich in älterer Zeit vor allen Dingen *Kousnetzow* mit der
Konstruktion von Meteorographen beschäftigt, der als Abteilungsleiter des
Observatoriums Constantin in Pavlovsk bei Petersburg unter der Direktion von
Rykatchew tätig war. Von den von Kousnetzow entworfenen Meteorographen
nennen wir den Drachenmeteorographen, von dem die Abb. 33**) ein Schema,
die Abb. 34 eine Ansicht ohne Schutzhülle und die Abb. 35 eine Ansicht
fertig zum Aufstieg zeigt.

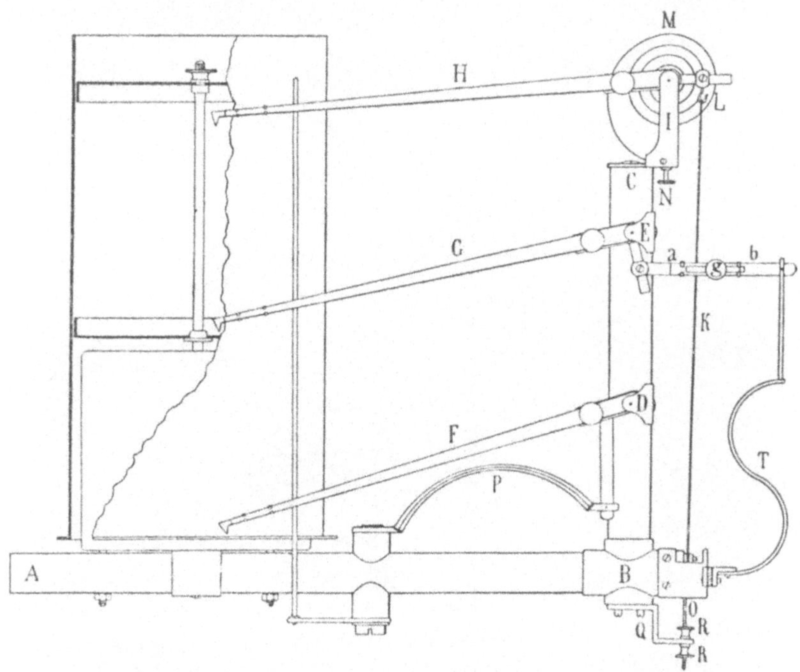

Abb. 33. Drachenmeteorograph nach Kousnetzow (Schema).

Das Schema stellt den Meteorographen ohne Anemometer dar, die Registrierfedern werden von oben nach unten betätigt durch ein Haarhygrometer

*) Aus: Eredia, Strumenti di Meteorol. ed Aerol., G. Bardi, Rom 1936, S 377.
**) Aus: Obs. Constantin, Etudes de l'Atmosphère II, St. Petersburg 1906.

mit Haarbündel, ein Bimetall-Thermometer in S-Form in Strahlungsschutz
und ein Bourdonrohr als Barometer. Die Montage des Apparates erfolgte auf
zwei sich rechtwinklig kreuzenden Stahlrohren. Der in Abb. 34 und 35 wiedergegebene Apparat mit Anemometer hat eine etwas andere Lagerung des
Bourdon-Barometers, im übrigen aber die gleichen Bestandteile.

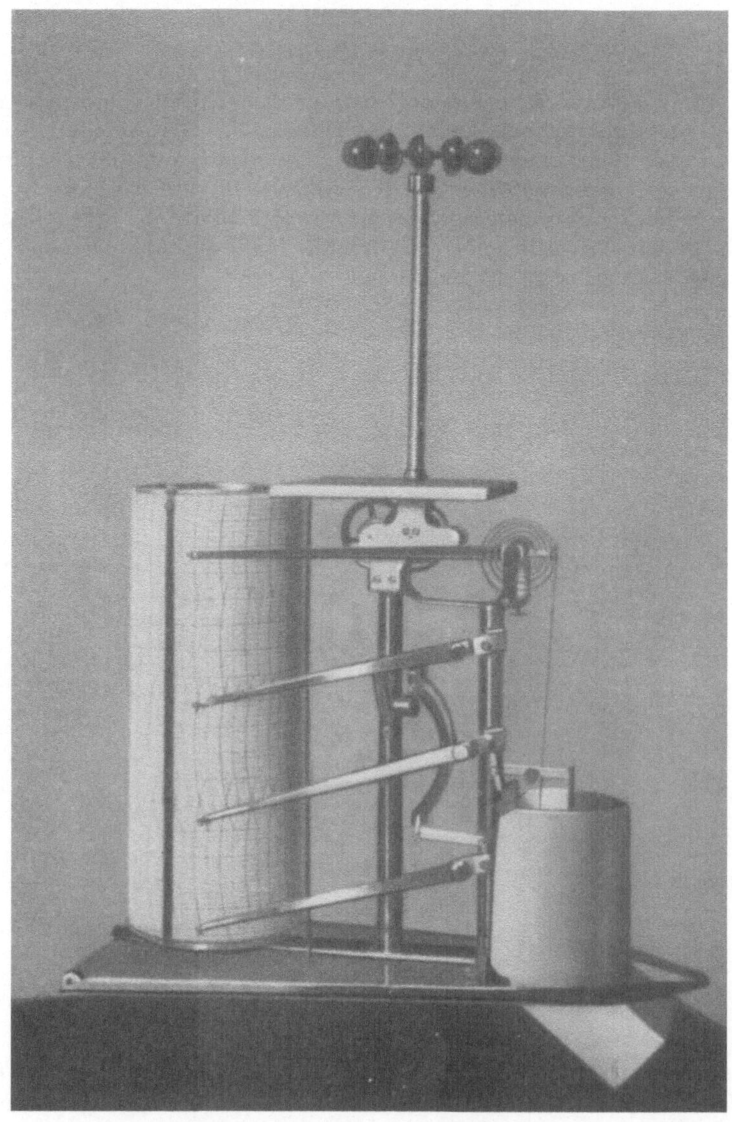

Abb. 34. Drachenmeteorograph nach Kousnetzow, Ansicht.

Für Registrierballone konstruierte *Kousnetzow* zunächst den in Abb. 37*) schematisch wiedergegebenen Apparat, der dem Drachenmeteorographen weitgehend ähnelt. Ein Hygrometer fehlt. Das Uhrwerk H sitzt außerhalb der

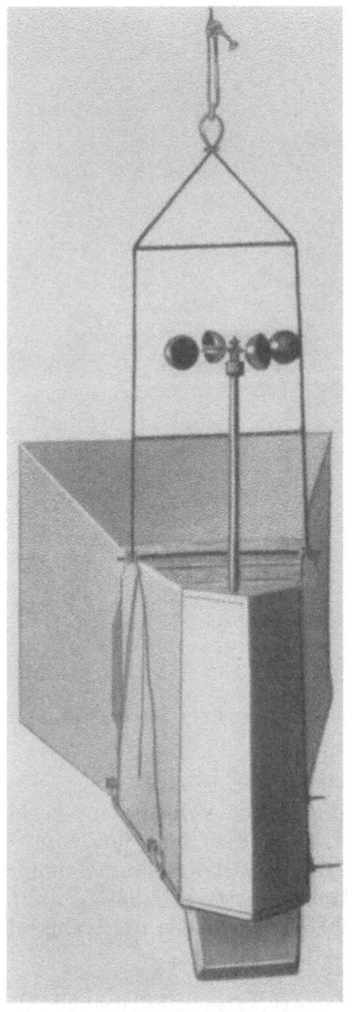

Abb. 35. Drachenmeteorograph nach Kousnetzow, fertig zum Aufstieg.

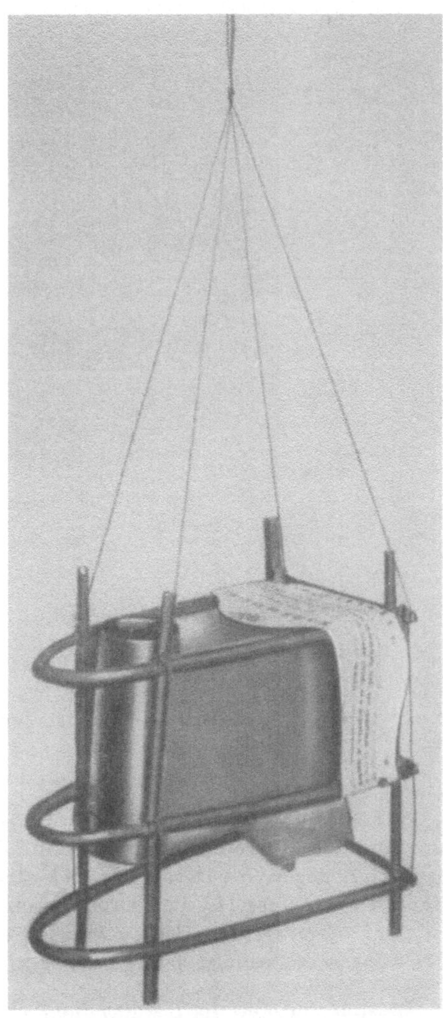

Abb. 36. Registrierballonmeteorograph nach Kousnetzow, fertig zum Aufstieg.

Registriertrommel. Fertig zum Aufstieg ist der Apparat in Abb. 36*) dargestellt, während die Abb. 38*) eine Ansicht der einzelnen Teile des Geräts,

*) Aus: Obs. Constantin, Etudes de l'Atmosphère II, St. Petersburg 1906.

Korb, Schutzhülle, Meteorograph und Warmhaltekappe für das Uhrwerk wiedergibt. Die Schwierigkeiten, Uhrwerke bei tiefen Temperaturen in Gang zu halten, traten natürlich schon bald ein, nachdem man größere Höhen mit den entsprechenden niedrigen Temperaturen erreichte.

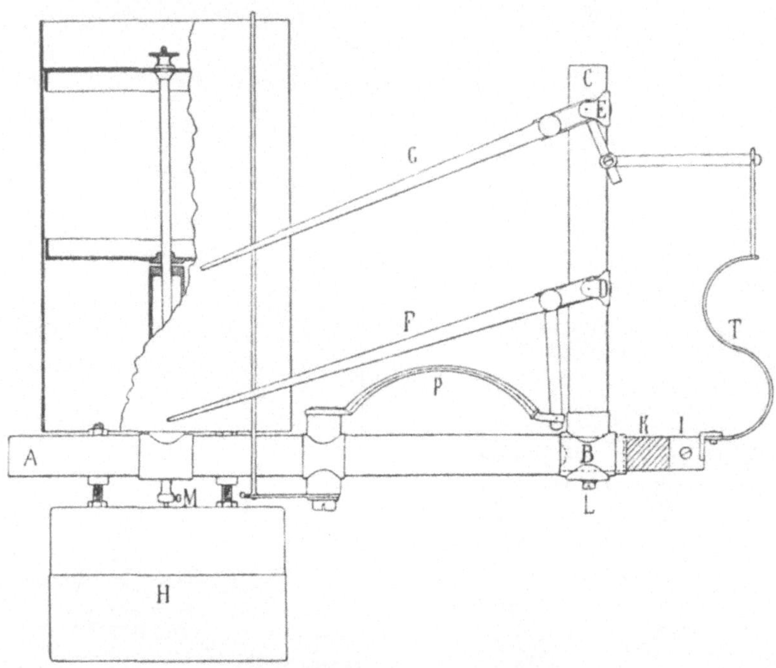

Abb. 37. Registrierballonmeteorograph nach Kousnetzow, Schema.

Später konstruierte Kousnetzow in Anlehnung an eine von Aßmann gegebene Anregung einen Meteorographen ohne Uhrwerk, in dem ein Satz von Vididosen (E) gegen die Kraft einer Feder (B) die Registriertrommel umdreht, während ein Zeiger (L) von einem Bourdon-Thermometer (H) bewegt, auf der Trommel schreibt. Die Abb. 39*) gibt ein Schema dieses Geräts, während die Abb. 40*) eine Ansicht fertig zum Aufstiege wiedergibt.

In späterer Zeit hat *Moltchanoff* einen Meteorographen entwickelt, der in Abb. 41**) im Schema wiedergegeben ist. Auch hier fehlt das Uhrwerk, der Umlauf der Registriertrommel wird von einem Windrad $S_1 S_2$ bewirkt, das durch den Luftstrom des Aufstiegs bewegt wird. Auf der Trommel registrieren Bourdon-Barometer (r) und Bimetall-Thermometer in S-Form (M).

---

*) Aus: Obs. Constantin, Etudes de l'Atmosphère II, St. Petersburg 1906.
**) Aus: Eredia, Strumenti di Meteorol. ed Aerol. G. Bardi, Rom 1936, S. 370.

Abb. 38. Registrierballonmeteorograph nach Kousnetzow, Einzelteile.

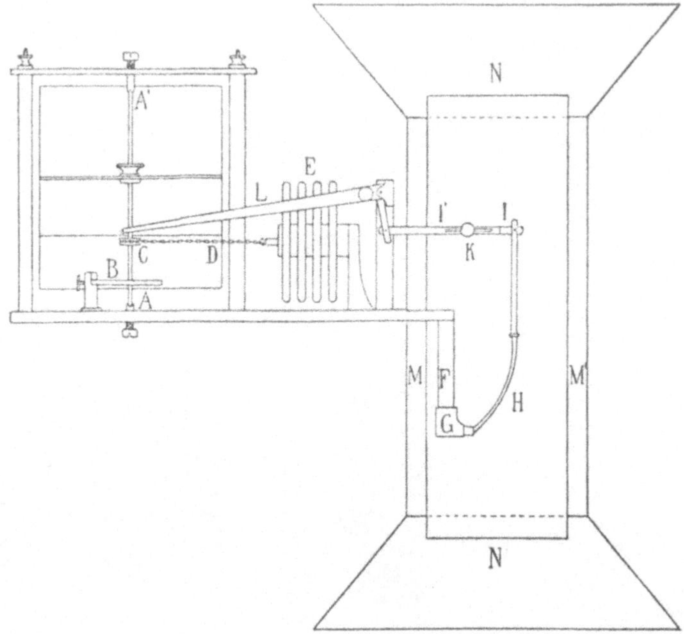

Abb. 39. Registrierballonmeteorograph ohne Uhrwerk nach Kousnetzow, Schema.

Abb. 40. Registrierballonmeteorograph ohne Uhrwerk nach Kousnetzow,
fertig zum Aufstieg.

34

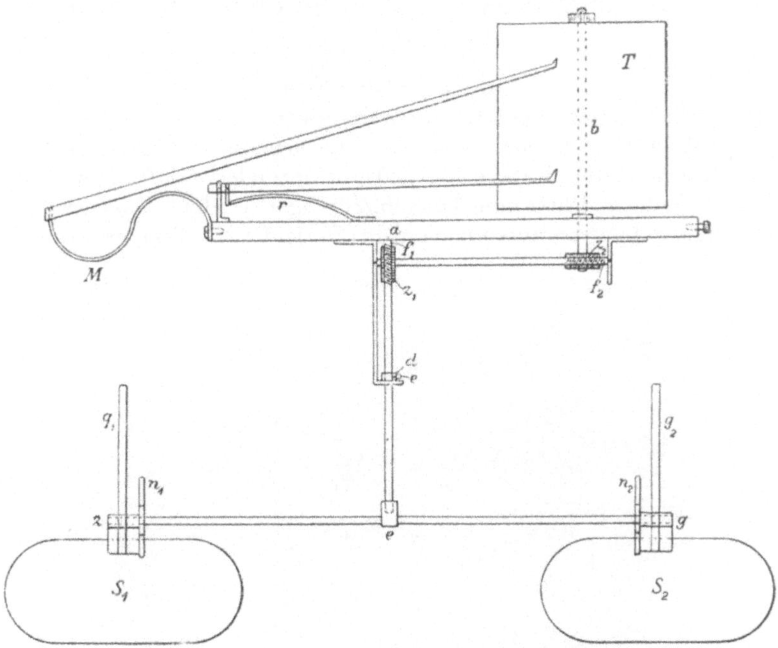

Abb. 41. Meteorograph nach Moltchanoff, Schema.

3. Die heute praktisch verwendeten aerologischen Meteorographen

a. In Deutschland

1. Registrierballonmeteorograph Bosch-Hergesell.

Die Abb. 42*) stellt das Gerät dar. Es arbeitet mit Bourdon-Barometer, Bimetall-Thermometer (Stärken 0,3—1,0 mm, normalerweise 0,4 mm). Haarhygrometer in Harfenform, Uhrtrommel mit einstündigem Umlauf. Das Gerät wiegt 0,35 kg. Die Zeiger geben von unten nach oben: Basis, Druck, Temperatur und Feuchtigkeit.

Abb. 42. Registrierballonmeteorograph Bosch-Hergesell, Ansicht.

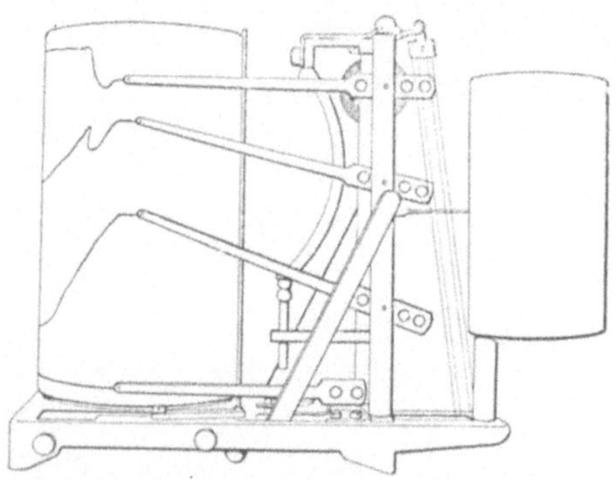

Abb. 43. Registrierballonmeteorograph Bosch-Hergesell, Schema.

Ein Schema des Aufbaus dieses Geräts ist in Abb. 43**) wiedergegeben.

---

*) Abb. der Firma J. u. J. Bosch, Freiburg i. Br.
**) Aus: Kleinschmidt, Handb. d. Meteorol. Instrumente, Jul. Springer, Berlin 1934, S. 401.

2. Fesselballonmeteorograph Kleinschmidt-Friedrichshafen.

Das Gerät ist in der Abb. 44*) dargestellt. Ein Schema seines Aufbaus ist in der Abb. 45**) gegeben. Die vier Zeiger geben von unten nach oben fortschreitend an: Basis, Druck (Vididose), Temperatur (Bimetallring) und Feuchtigkeit (Haarharfe). Das Gewicht des Apparats beträgt 0,75 kg.

Abb. 44. Fesselballonmeteorograph Kleinschmidt-Friedrichshafen, Ansicht.

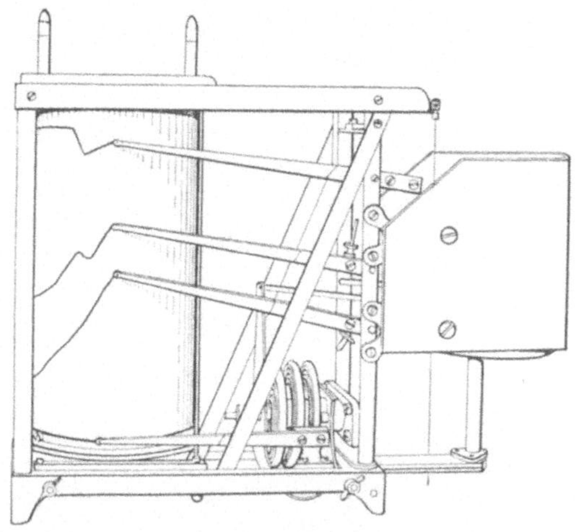

Abb. 45. Fesselballonmeteorograph Kleinschmidt-Friedrichshafen, Schema.

*) Abb. der Firma J. u. J. Bosch, Freiburg i. Br.
**) Aus: Kleinschmidt, Handb. d. Meteorol. Instrumente, Jul. Springer, Berlin 1934, S. 404.

3. Drachenmeteorograph Bosch-Kleinschmidt.

Das Gerät ist in Abb. 46*) in einer Ansicht, in Abb. 47**) im Schema darge-
stellt. Die fünf Zeiger geben von unten nach oben: Basis, Luftdruck (Vididosen),
Temperatur (Bimetallthermometer in Löffelform), Feuchtigkeit (Haarharfe) und
Windweg (Woltmannsches Flügelrad). Das Gewicht des Apparats beträgt 1,1 kg.

Abb. 46.
Drachen-
meteorograph
Bosch-Kleinschmidt,
Ansicht.

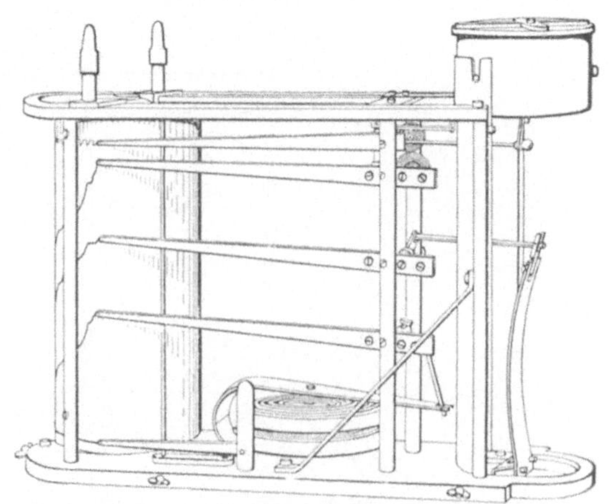

Abb. 47. Drachenmeteorograph
Bosch-Kleinschmidt, Schema.

---

*) Abb. der Firma J. u. J. Bosch, Freiburg i. Br.
**) Aus: Kleinschmidt, Handb. d. Meteorol. Instr., Jul. Springer, Berlin 1934,
S. 405.

4. Flugzeugmeteorograph Bosch-Lindenberg.

Das Gerät ist in Abb. 48*) in einer Ansicht dargestellt. Die fünf Zeiger geben von unten nach oben: Zeitmarke (mechanisch durch Bowdenzug oder elektrisch), Luftdruck (Vididose), Temperatur (Bimetallring), Feuchtigkeit (Haare), Basis. Das Gewicht des Apparats beträgt 2,2 kg.

Abb. 48. Flugzeugmeteorograph Bosch-Lindenberg, Ansicht.

Abb. 49. Flugzeugmeteorograph Bosch-Cannegieter, Ansicht.

---

*) Abb. der Firma J. u. J. Bosch, Freiburg i. Br.

5. Flugzeugmeteorograph Bosch-Cannegieter.

Dieser Meteorograph ist in Abb. 49*) in Ansicht, dargestellt. Die vier Zeiger geben von unten nach oben an: Zeitmarke (elektrisch), Luftdruck (Vididosen), Temperatur (Bimetall) und Feuchtigkeit (Haare). Das Gewicht des Apparats beträgt 1,7 kg, die Größe ohne Schutzkappe ist $28 \times 16,5 \times 10$ cm. Besondere Merkmale: Die Zeiger sind so eingerichtet, daß das Thermometer auf der ganzen Trommelbreite registrieren kann, ohne daß eine Kollision mit den anderen Federn eintritt. Auf diese Weise kann die Registriertrommel kleiner gehalten werden. Außerdem kann die Umlaufgeschwindigkeit der Registriertrommel elektromagnetisch vom Führersitz her von 2 auf 6 Stunden oder umgekehrt umgeschaltet werden.

6. Der Diamantschreiber nach Robitzsch-Fuess**).

Gut geschliffene Schreibdiamanten schreiben auf geeignetem Glas bei minimalem Auflagedruck Spuren von 0,002 mm Stärke. Es besteht also die Möglichkeit, die Angaben von Luftdruck, Temperatur und Feuchtigkeit ohne Einschaltung eines mechanisch vergrößernden Systems direkt auf Glas zu registrieren und die Kurven unter Verwendung einer optischen Vergrößerung auszuwerten. Die einfache Konstruktion der auf diese Weise schreibenden Geräte gewährleistet die Erfassung feinster Kurvendetails. Die Instrumente schreiben Temperatur und Feuchtigkeit als Funktion des Druckes auf. Das Prinzip ist in der schematischen Darstellung der Abbildung 50 angegeben.

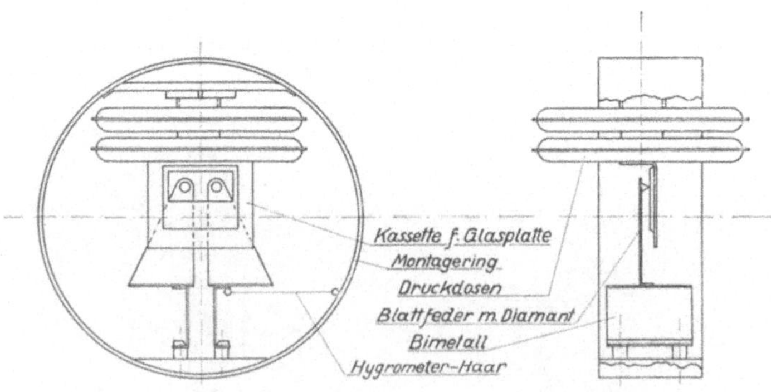

Abb. 50. Diamantschreiber nach Robitzsch-Fueß, Schema

Die Geräte besitzen ihrer kleinen Dimensionierung wegen nur ein geringes Gewicht (mit Strahlungsschutz etwa 100 g) und werden vorteilhaft für Registrierballonaufstiege verwendet, die sich dann bis zu großen Höhen mit relativ geringen Gummimengen durchführen lassen. Die Geräte können auch als Zweitgeräte zum Zwecke einer Kontrollmessung z. B. bei Radiosonde-Aufstiegen benutzt werden.

---

*) Abb. der Firma J. u. J. Bosch, Freiburg i. Br.
**) Nach einer Mittlg. und Abb. von Prof. Dr. M. Robitzsch, Berlin.

Die Auswertung der Kurven erfolgt ohne Schwierigkeit unter Verwendung eines Spezialmikroskops, die Kurven können auch mikrophotographisch reproduziert werden.

In den Abbildungen 51 und 52 ist der Apparat mit und ohne Strahlungsschutz von verschiedenen Seiten wiedergegeben.

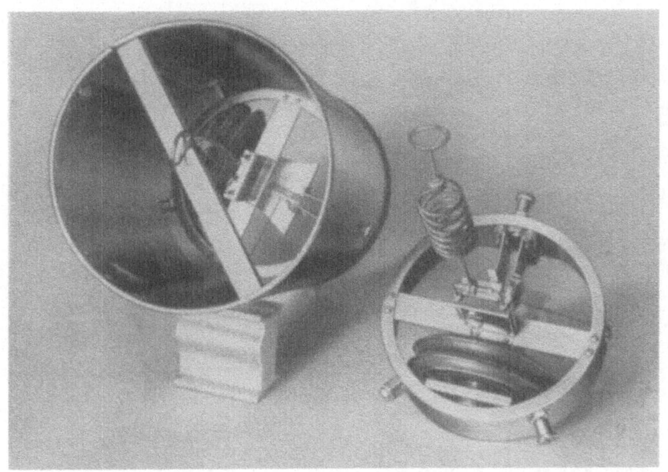

Abb. 51. Diamantschreiber nach Robitzsch-Fueß, Ansicht von oben.

Abb. 52. Diamantschreiber nach Robitzsch-Fueß, Ansicht von unten.

7. Der Registrierballonmeteorograph von X. Beck.

Dieser Meteorograph zeichnet sich durch geringes Gewicht aus: Das Gestell besteht aus Aluminiumguß, die Anbringung von Bimetall-Thermometer, Bourdon-Barometer und Haarhygrometer ergibt sich aus Abb. 53*). Die Schutzkappe ist in der Figur hinter dem Arppaat stehend wiedergegeben.

Abb. 53. Registrierballonmeteorograph nach F. Beck, Ansicht.

8. Der Photometeorograph nach Raethjen-Frankenberger.

In der Schemazeichnung Abb. 54**) ist die grundsätzliche Wirkungsweise des Photometeorographen Raethjen-Frankenberger erläutert.

Zur Messung des Luftdruckes dient eine gute Vididose (a), zur Temperaturmessung ein Flüssigkeitsthermometer geringer Trägheit (s) (eine spiralig gewundene Kapillare großer Oberfläche dient als Thermometergefäß) und zur Feuchtigkeitsmessung ein Haarbündel (in der Skizze nicht angegeben). Glühlämpchen beleuchten die Kuppe t des Flüssigkeitsfadens des Thermometers, die eine geeignete optische Einrichtung auf dem Film r abbildet, der Ort der Fadenkuppe ändert sich mit der Temperatur (senkrecht zur Ebene der Skizze); bei gleichzeitiger Druckänderung dreht die Druckdose das Prisma a und verschiebt so die Abbildung der Flüssigkeitssäule auf dem Film r in der Ebene der Zeichnung. Man gewinnt auf die Weise unmittelbar ein Druck-Temperaturdiagramm, in ähnlicher Weise ein Druck-Feuchte-Diagramm, so daß der bei den älteren Meteorographen übliche Umweg über die Zeitkoordinate entfällt, die Registrierkurve gibt ein unmittelbares Bild des atmosphärischen Zustandes ohne bedeutende Auswertarbeit. Außer dieser Zeitersparnis bei der Auswertung besitzt der Photometeorograph folgende Vorzüge vor den rein mechanisch registrierenden Geräten: Die Trägheit des Thermometers ist zu vernachlässigen.

*) Eigene Aufnahme der I. A. K.
**) Aus: P. Raethjen: Erf.-Ber. d. Dt. Flugwetterd. 7. Folge S. 212, 1933

Seiten zeigen. Man erkennt die Uhrtrommel (U), in der gleichzeitig der Luftstrom an dem Flügelanemometer und dem Bimetall-Thermometer vorbei
geführt wird. Das Uhrwerk (W) und das Dosenaneroid (D) sitzen unterhalb
der Registriertrommel. Das Haarhygrometer (H) hat ein eigenes Lüftungsrohr
mit besonderen Öffnungen nach außen. Die Führung der Schreibfedern ergibt
sich aus dem Schema und den Abbildungen. Gewicht des Apparats ohne Auf-
hängearm 2,95 kg.

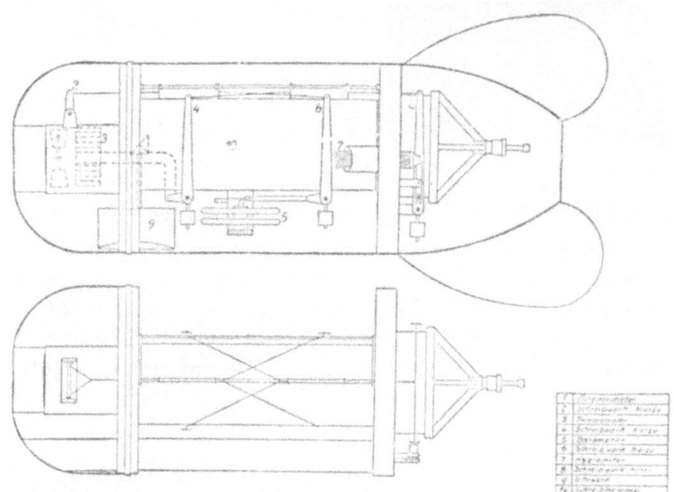

Abb. 57. Flugzeugmeteorograph Wigand-Koppe-Fueß, Schema.

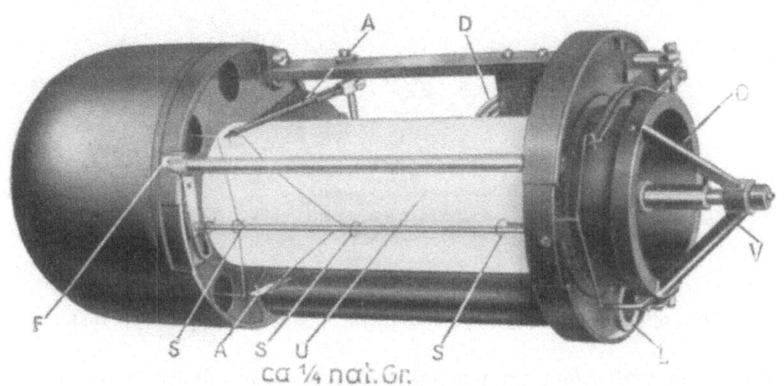

Abb. 58. Flugzeugmeteorograph Wigand-Koppe-Fueß, Ansicht.

Abb. 59. Flugzeugmeteorograph Wigand-Koppe-Fueß, Ansicht.

10. Der Thermobarograph der Deutschen Forschungsanstalt für Segelflug.

Der Thermobarograph der Deutschen Forschungsanstalt für Segelflug ist speziell für Untersuchungen in Segelflugzeugen gebaut. Die Abbildung 62*) gibt eine schematische Darstellung des Aufbaus, während die Abbildungen 60 und 61 den Apparat mit Schutzkasten und ohne Schutzkasten darstellen. Neben leichtem Gewicht ist besonders auf aerodynamisch günstige Form geachtet worden.

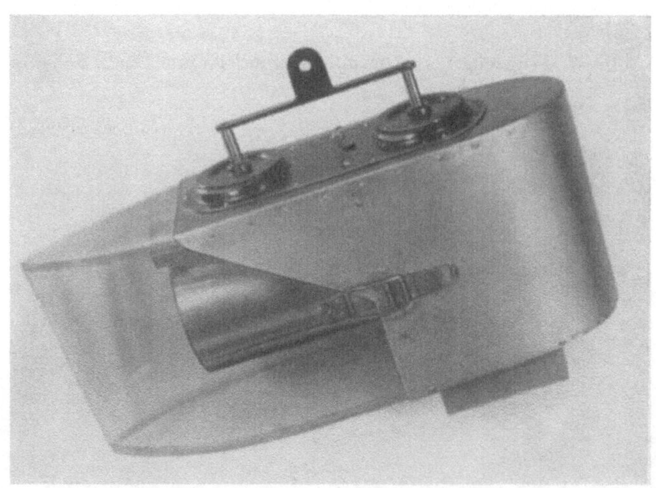

Abb. 60. Thermobarograph der D. F. S., Ansicht mit Schutzkasten.

---

*) Nach einer Mitteilung der Deutschen Forschungsanstalt für Segelflug (Prof. Dr. W. Georgii).

46

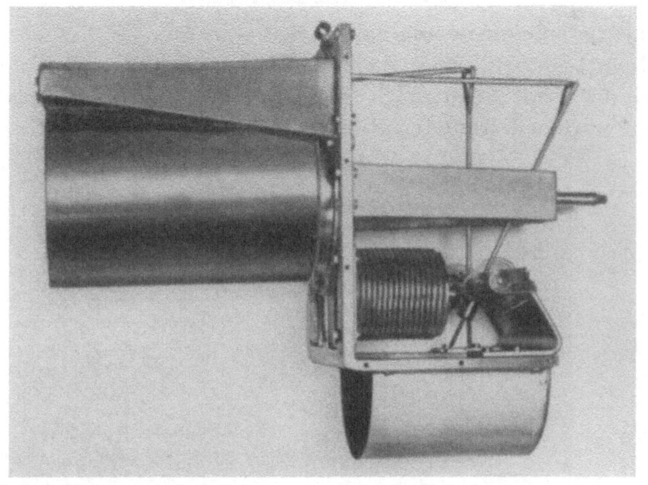

Abb. 61. Thermobarograph der D. F. S., Ansicht ohne Schutzkasten.

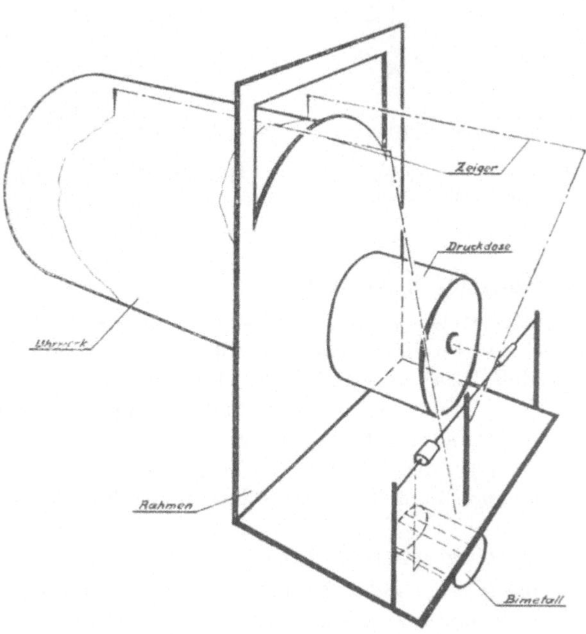

Abb. 62. Thermobarograph der D. F. S., Schema.

b. In Nordamerika

1. Der Registrierballonmeteorograph nach Fergusson.

Das Gerät ist in Abb. 63*) oben im Schutzkasten, unten ohne Schutzkasten und in Abb. 64*) mit Schutzkorb fertig zum Aufstieg wiedergegeben. Es arbeitet mit Bourdon-Barometer, Bimetall-Thermometer und Haarhygrometer.

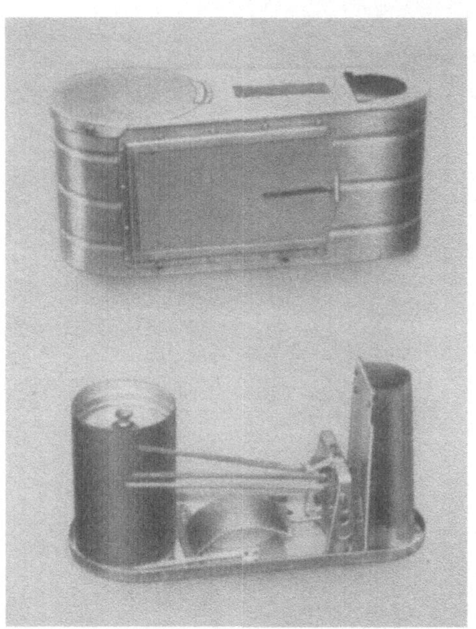

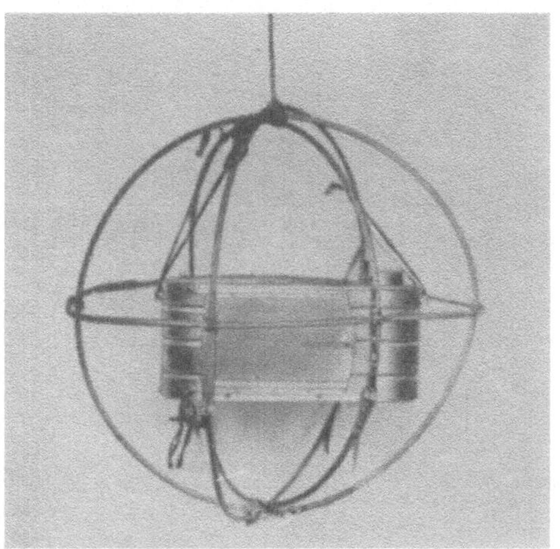

Abb. 63. Registrierballonmeteorograph nach Fergusson mit und ohne Schutzkasten.

Abb. 64. Registrierballonmeteorograph nach Fergusson, fertig zum Aufstieg.

2. Der Flugzeugaerograph Modell Fries.

Für Flugzeugaufstiege werden jetzt die in Abb. 65*) bis 67*) von verschiedenen Seiten dargestellten, von der Firma Friez-Baltimore hergestellten Aerographen (Modell 1934) verwendet, die durch verschiedene Besonderheiten auffallen. Als Meßelemente dienen Vididosen-Barometer, Bimetall-Thermometer und Haarhygrometer. Thermometer und Hygrometer sitzen in dem unter dem Apparat liegenden Kanal. Alle Zeiger bewegen sich auf der gleichen Achse (wie es z. B. auch beim Fergusson-Meteorographen der Fall ist).

3. Der Flugzeugmeteorograph nach Fries.

Vor den Aerographen, Modell 1934, waren Friez-Meteorographen ähnlicher Konstruktion in Verwendung, die in Abb. 68 bis 70*) dargestellt sind.

---

*) Abb. des U. S. Weather Bureau, Washington, zur Verf. gestellt von W. R. Gregg.

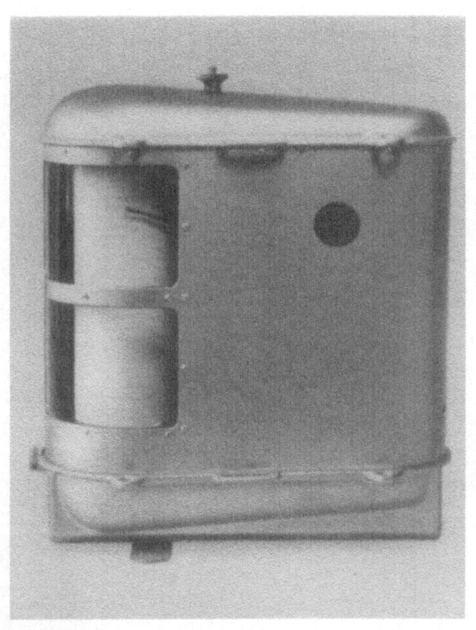

Abb. 65. Aerograph (Modell 1934) mit Schutzkasten.

Abb. 66 u. 67. Aerograph (Modell 1934) von verschiedenen Seiten.

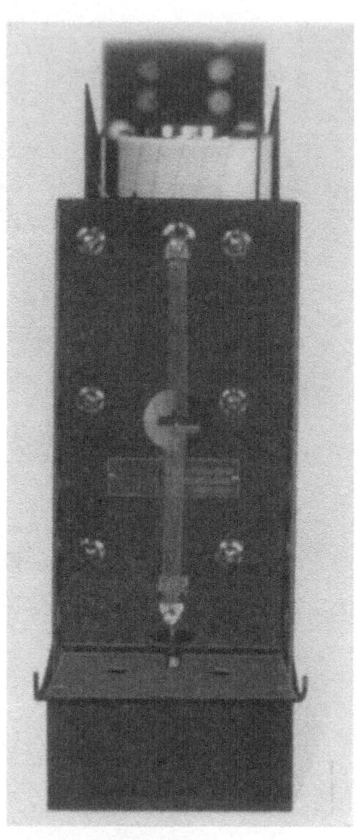

Abb. 68 bis 70. Friez-Meteorographen
mit und ohne Schutzkasten
in verschiedenen Ansichten.

c. In Belgien

Der Registrierballonmeteorograph Jaumotte.

Das Gerät ist in Abb. 71*) in einer Ansicht, in Abb. 72**) im Schema dargestellt. Der Jaumotte-Meteorograph arbeitet ohne Uhr, bei ihm werden Temperatur und Feuchtigkeit als Funktionen des Luftdrucks in rechtwinkligen Koordinaten registriert. Hebel und Übersetzungen sind vermieden, die Registrierung wird klein, aber scharf, als registrierende Spitzen werden Diamantsplitter verwendet.

Die drei Federn J, K und H (Abb. 72) zeichnen auf der Registrierfläche (E) aus berußtem Glas, die von der Vididose bewegt wird, von links nach rechts auf: Feuchtigkeit (Haar), Basis und Temperatur (Bimetallring). Der Hebel L dient zum Abstellen der Federn.

Das Gewicht des Apparats beträgt mit Schutzhülle 0,043 kg.

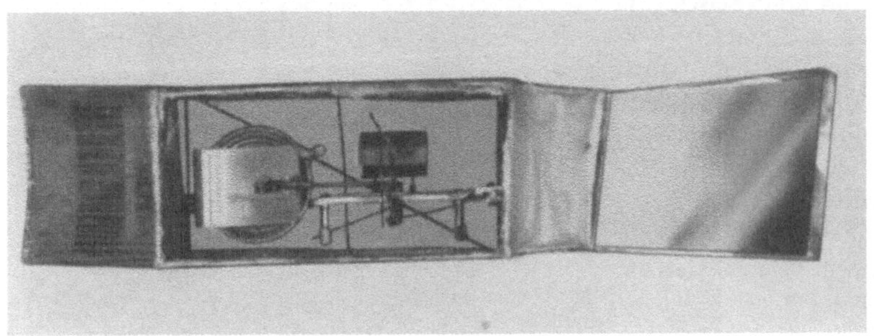

Abb. 71. Registrierballonmeteorograph nach Jaumotte, Ansicht.

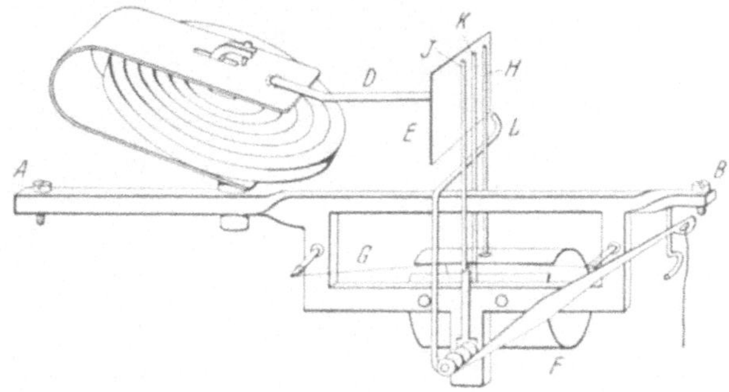

Abb. 72. Registrierballonmeteorograph nach Jaumotte, Schema.

---

*) Eigene Aufnahme der I. A. K.
**) Aus: Kleinschmidt, Handb. d. meteorol. Instr., Jul. Springer, Berlin 1934, S. 403.

d. In Finnland

1. Der Registrierballonmeteorograph nach Väisälä.

In Finnland hat sich vor allen Dingen *Väisälä* um die Entwicklung eigener Meteorographentypen bemüht. In Abb. 73*) ist der Registrierballonmeteorograph abgebildet, der mit einem Bourdon-Barometer eine berußte Glasplatte bewegt, während eine Feder, die von einem Bimetall-Thermometer bewegt wird, auf dieser Glasplatte schreibt. Die Abb. 74*) stellt den Apparat im Gehäuse dar.

*) Abb. von V. Väisälä, Helsinki, zur Verfügung gestellt.

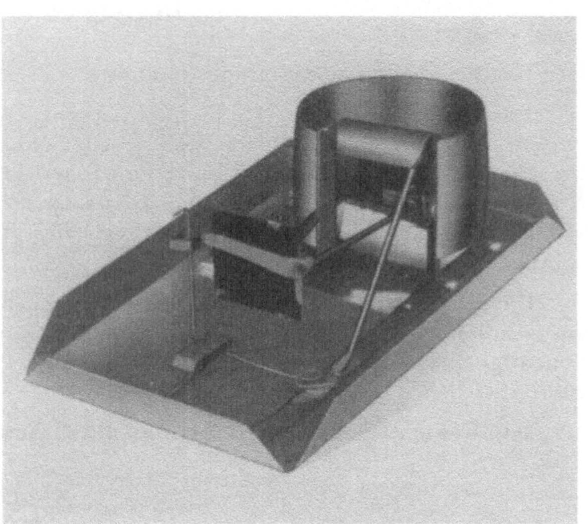

Abb. 73. Registrierballonmeteorograph nach Väisälä, ohne Schutzkasten.

Abb. 74. Registrierballon-Meteorograph nach Väisälä im Schutzkasten.

2. Der Flugzeugmeteorograph nach Väisälä.

Ebenfalls von *Väisälä* stammt der in Abb. 75*) im inneren Aufbau dargestellte Flugzeugmeteorograph. Auf der unten liegenden Trommel registrieren Bimetall-Thermometer und Bourdon-Barometer, die beide gemeinsam mit dem Haarhygrometer in einer Röhre liegen, durch die der Luftstrom streicht. Die Abb. 76*) gibt den Apparat im Schutzkasten. In der spitzen Vorderkante erkennt man die Eintrittsöffnung für den Luftstrom.

*) Abb. von V. Väisälä, Helsinki, zur Verfügung gestellt.

Abb. 75. Flugzeug-Meteorograph nach Väisälä, Inneneinrichtung.

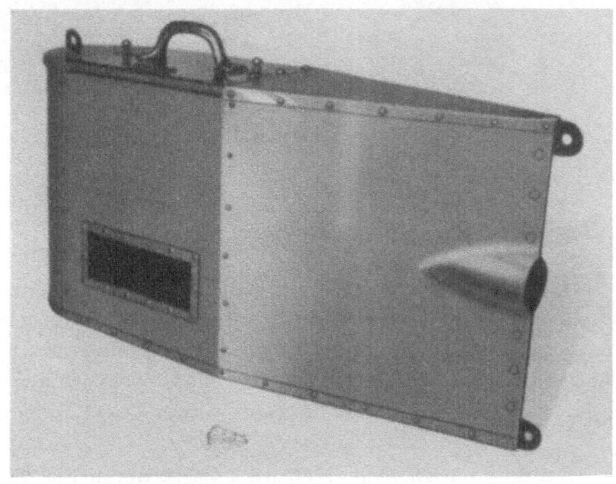

Abb. 76. Flugzeug-Meteorograph nach Väisälä, Außenansicht.

e. In Frankreich

1. Registrierballonmeteorograph Teisserenc de Bort.

Dieser Apparat, der in Abb. 77*) in Ansicht dargestellt ist, registriert mit
vier Federn von unten nach oben: Basis, Luftdruck (Bourdonrohr, 6 cm lang,
3,5 cm breit, 4 cm Krümmungsradius aus Kupfer), Temperatur (Bimetall-
Ring aus Stahl und Invar, 0,6 mm dick, 6 mm breit, Ring von 1 cm Radius)
und Feuchtigkeit (20—30 Haare, zu einem Bündel zusammengefaßt). Das
Bimetall-Thermometer ist durch einen Ebonitstreifen vom übrigen Apparat
thermisch isoliert. Der Registrierzylinder wird von dem Uhrwerk einmal in der
Stunde herumgedreht. Die Trommel hat 65 mm Durchmesser, 105 mm Höhe.
Der Apparat wird in einem Schutzkasten aus Korkholz verwendet, aus dem nur
Thermometer und Hygrometer in die freie Luft ragen.   Gewicht des Appa-
rats 0,345 kg, mit Schutzkasten 0,52 kg. Größe rund $18 \times 14 \times 10$ cm.

Abb. 77. Registrierballonmeteorograph Teisserenc de Bort.

2. Registrierapparat von Richard nach Rotch.

Das Gerät, von dem die Abb. 78*) eine Ansicht zeigt, ist als Flugzeugmeteorograph gedacht, es hat Vididosen-Barometer und Bourdonthermometer.
Die Konstruktion zeichnet sich durch Dauerhaftigkeit aus. Ein Strahlungsschutz für das Thermometer fehlt. Das Gerät ist als eine Weiterentwicklung des
Apparats anzusehen, der in Abb. 4 wiedergegeben ist.

---

*) Abb. vom Off. Nat. Météorol., Paris, durch Ph. Wehrlé zur Verf. gestellt.
*) Eigene Aufnahme der I. A. K.

Abb. 78. Meteorograph von Richard nach Rotch.

3. Flugzeugmeteorograph O. N. M.

Dieser, vom Office National Météorologique in Paris konstruierte Apparat ist in Abb. 79*) mit seinem Registrierteil, in Abb. 80*) mit seinem Gehäuse und in Abb. 81**) im Schema dargestellt.

Die vier Zeiger geben (Abb. 81) von unten nach oben an: Basis, Luftdruck (Vididosen), Temperatur (Bimetallring), Feuchtigkeit (Haarbündel). Thermometer und Hygrometer sitzen im Innern des Apparats in einem besonderen Schutzzylinder und werden mit Hilfe von zwei Hauben oben und unten am Gehäuse mit dem nötigen Luftstrom versehen. Die Zeiger sind so angebracht, daß sie auch in gekreuzter Lage ungestört schreiben.

4. Der Registrierballonmeteorograph nach Delcambre.

Das Gerät wurde möglichst leicht gebaut. Das Ziel waren Aufstiege mit möglichst kleinen Ballonen. Der Meteorograph, der so entstand und dessen Schema in Abbildung 79***) wiedergegeben ist, ähnelt in manchem dem Leichtmeteorographen von *Aßmann* (siehe S. 14).

---

*) Abb. vom Off. Nat. Météorol., Paris, durch Ph. Wehrlé zur Verf. gestellt.
**) Aus: La Météorologie, 1935, S. 55.
***) Aus: Beitr. Phys. Atm. **14** (1928), S. 64.

Abb. 79. Flugzeugmeteorograph O. N. M., Registrierteil.

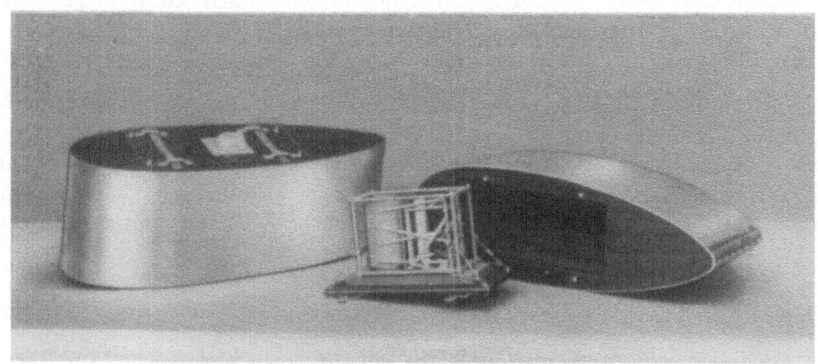

Abb. 80. Flugzeugmeteorograph O. N. M., Registrierteil und zwei Schutzkästen.

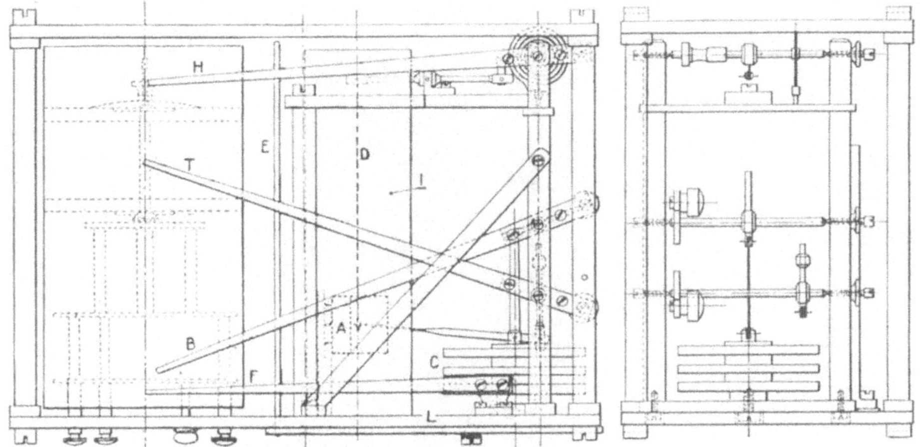

Abb. 81. Flugzeugmeteorograph O. N. M., Schema des Registrierteils

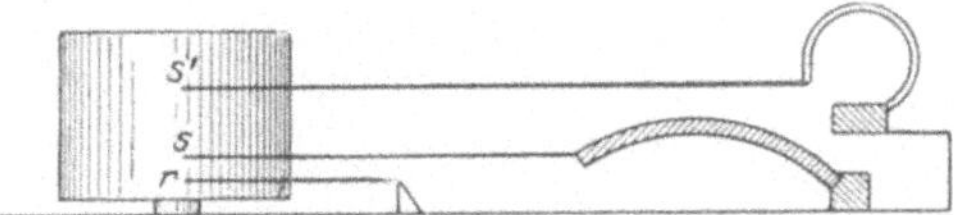

Abb. 82. Registrierballonmeteorograph nach Delcambre.

f. In Großbritannien

Registrierballonmeteorograph Dines.

Das Gerät ist in Abb. 83*) wiedergegeben. Auch dieser Meteorograph arbeitet ohne Uhr. Die Registrierfläche (D) wird durch die Vididose (A) bei abnehmendem Luftdruck von rechts nach links bewegt, während gleichzeitig die Thermometerfeder (EF) durch das Bimetall-Thermometer aus Neusilber (M) und Invarstab (H) bewegt, auf der Registrierfläche schreibt. Ebenso schreibt das Haarhygrometer, dessen Haar bei X angebracht ist. Außer Gebrauch wird die Registrierfläche durch die Wirkung einer Feder (K) zurückgezogen, die Registrierfedern ruhen dann auf dem Arm (R) und schreiben nicht. Unmittelbar vor dem Aufstieg wird die Wirkung der Feder (K) mit Hilfe eines kleinen Holzkeiles aufgehoben und die Registrierfläche an die Federn herangebracht. Das Hygrometer ist mit den Schrauben S am Rahmen befestigt. Der Arm G ist bei der Eichung des Apparats in Gebrauch (s. S. 91). Im Gebrauch sitzt der Apparat in einer zylindrischen Schutzhülle. Gewicht des Apparats 0,075 kg.

---

*) Aus: L. H. G. Dines, The Dines Balloon Meteorograph, M. O. 321, London 1929, Fig. 1.

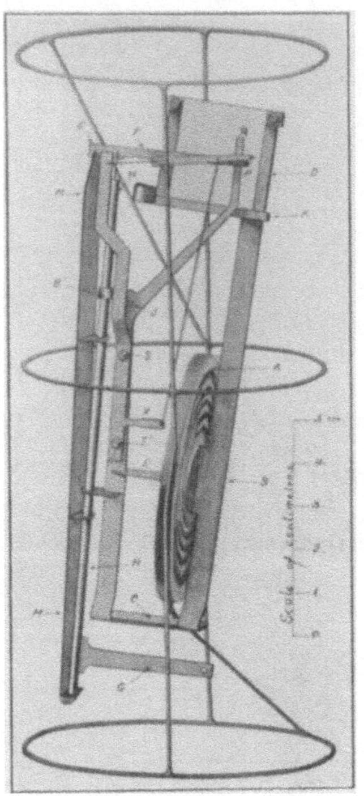

Abb. 83. Registrierballonmeteorograph nach Dines.

4. Meßgeräte für besondere aerologische Messungen

Zu den verschiedensten Zwecken sind im Laufe der Zeit Geräte für besondere aerologische Zwecke gebaut worden. Wir erwähnen in diesem Zusammenhang zunächst das *Anzeigegerät* für die *Wolkenobergrenze* von *Aßmann* das an der Trommel eines Marvinmeteorographen angebracht auf einer Scheibe photographischen Papiers die einfallende Lichtmenge aufzeichnet. Die Abbildungen 84 und 85*) geben ein Bild von der Arbeitsweise des Geräts.

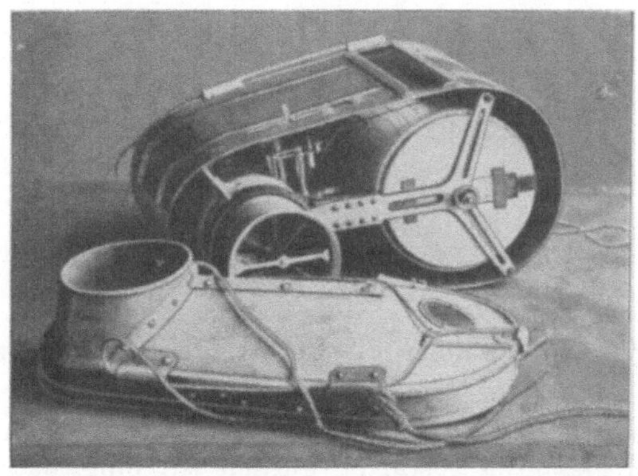

Abb. 84. Anzeigegerät für Wolkenoberseite nach Aßmann.

Abb. 85. Anzeigegerät für Wolkenoberseite nach Aßmann.

Zur Bestimmung von Wolkenhöhen speziell für Segelflieger hat *J. S. Fox***) ein Gerät entwickelt, das in diesem Zusammenhang erwähnt werden muß, ohne daß es ein eigentlicher Meteorograph wäre. Bei bestimmter, an einem trockenen Thermometer abgelesener Temperatur, die auf einer Trommel eingestellt wird, gibt der Stand eines feuchten Thermometers auf einer Skala auf der Trommel die Wolkenhöhe an. Es handelt sich bei dem Gerät also um eine

---

*) Aus: R. Aßmann, Das Aeronaut. Observat. Lindenberg, Vieweg, Braunschweig 1915, S. 152.
) Nach Flugsport **30 (1938), S. 486.

Anwendung der Abhängigkeit der Wolkenhöhe, des Kondensationsniveaus, von dem Feuchtigkeitsgehalt der Luftschicht, eine Abhängigkeit, die bekanntermaßen bestimmte Grenzen hat (Abb. 86*)).

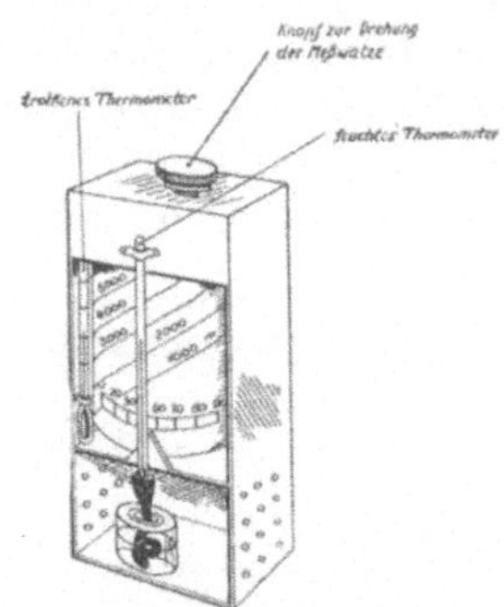

Abb. 86. Gerät zur
Wolkenhöhenbestimmung
nach Fox.

Hier sind ferner zu erwähnen die Geräte für die *Entnahme von Luftproben* in bestimmten Höhen.

In erster Linie ist hier ein Gerät zu erwähnen, das schon am 5. VIII. 1896 von *Hermite* und *Besançon* gestartet worden ist, ohne daß es allerdings ein Resultat erbrachte.**) Auch das verbesserte Gerät, das in Abbildung 87**) wiedergegeben ist, zeitigte noch kein Ergebnis, verdient aber wegen seiner Besonderheiten hervorgehoben zu werden. Seine Funktion ist im wesentlichen so, daß bei einem bestimmten Luftdruck Schwefelsäure aus dem Ballon B auslaufend den Faden F bei N abbrennt und das Gewicht P eine Glasspitze V an dem Rohr T L M abbricht. Darauf strömt Luft in den leeren Zylinder R ein. Die Schwefelsäure steigt in G weiter und fließt schließlich in die Mischung A von Kaliumchlorat und Zucker, die sich entzündet und das Glasrohr T L M abschmilzt. Am 18. II. 1897 benutzen die gleichen Gelehrten eine Vorrichtung, in der das Öffnen und Schließen des Abschlußhahns an der Luftflasche von einem Uhrwerk vorgenommen wird. Um ein Stehenbleiben wegen der Abkühlung zu vermeiden, wird das Uhrwerk mit Hahn mit einem Kasten umgeben, der in seinen doppelten Wänden Natriumthiosulfat enthält. Dieses Salz läßt sich im eigenen Kristallwasser schmelzen und kristallisiert später unter lebhafter Wärmeabgabe.

Die Aufgabe wird erneut gestellt, als 1911 ein Durchgang der Erde durch den Schweif des Halleyschen Kometen stattfindet, weil man von einem Einbruch von Kohlenwasserstoffen in die Atmosphäre gesprochen hatte. Das Gerät ist in Abbildung 88***) in seinen Einzelheiten und (links) fertig zum Aufstieg dargestellt.

---

*) Abbildung zur Verfügung gestellt von der Zeitschrift „Flugsport", Frankfurt a.M.
**) Nach W. de Fonvielle, Les ballons-sondes, Paris, Gauthier Villars 1899, S. 35.
***) Aus: R. Aßmann, Das Aeronaut. Observat. Lindenberg, Vieweg, Braunschweig 1915, S. 247.

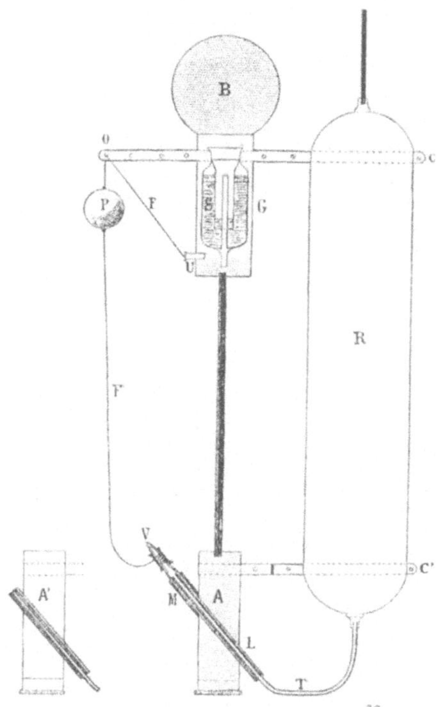

Abb. 87. Luftprobennehmer
nach Hermite und Besançon

Abb. 88. Luftprobennehmer
nach Aßmann.

Ähnliche Untersuchungen hat *Paneth* in England durchgeführt. Die Apparatur, die im Meteorologischen Observatorium in Kew von L. H. G. Dines entwickelt wurde, ist in Abb. 89 im Schema*) wiedergegeben. Der Apparat, der gleichzeitig mit einem Dines-Meteorographen aufgelassen wird, besteht aus einer

---

*) Aus: Quarterly Journ. R. Meteorol. Soc. **62** (1936), S. 380.

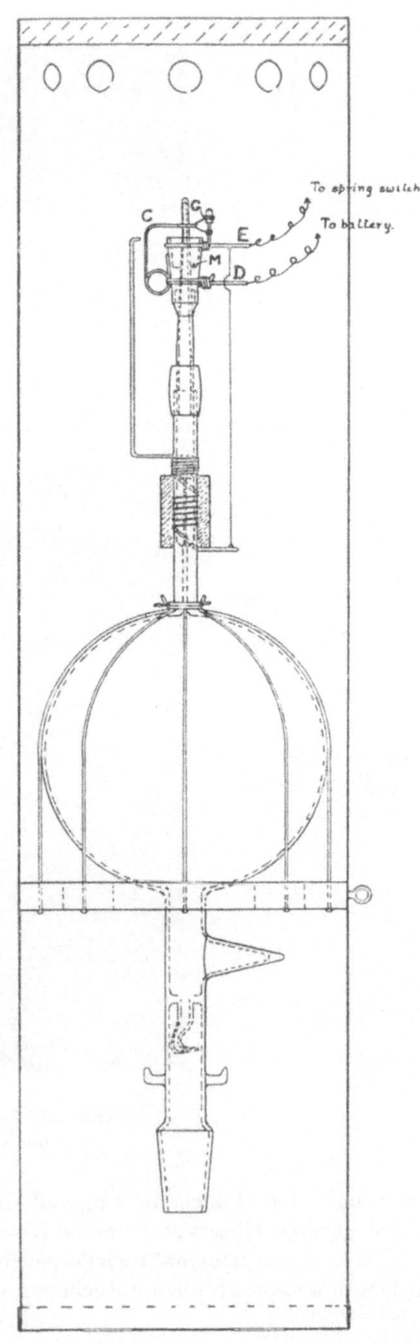

Abb. 89. Luftprobennehmer nach L. H. G. Dines.

Glasflasche, die durch geeignete Vorrichtungen beim Platzen des Ballons geöffnet und kurze Zeit später wieder geschlossen wird.

Bei beiden Geräten wird in großer Höhe zunächst eine Kapillare zerschlagen, so daß die Luft in die Glasflasche eindringen kann. Dann wird eine elektrische Heizung betätigt, die einen Verschluß der Kapillare durch Zuschmelzen des Glasrohrs in der älteren Form von Lindenberg, durch Erweichen von Siegelwachs in der neueren Form von Kew, bewirkt. Wegen der Einzelheiten sei auf die Originalarbeiten verwiesen.

Zu dem ähnlichen Zweck der Bestimmung des Sauerstoffgehalts der Luft dient ferner der von *Regener*[*]) konstruierte Apparat, der in Abb. 90a und b von zwei Seiten dargestellt ist. Wir erkennen an einem großen Glasballon auf dem Bild 90b ganz oben einen Zeitauslöser (wie er bei photographischen Aufnahmen verwendet wird). Er bewirkt, daß der Lufteinlaßhahn eine halbe Minute geöffnet bleibt. Darunter befindet sich der Mechanismus für die Drehung des Hahns (Betätigung elektromagnetisch). Darunter sitzt (in dem Bild 90a erkennbar) an einer Platte ein Aneroid, das bei einem bestimmten Luftdruck den Strom einer Taschenlampenbatterie schließt, der den Elektromagneten zur Drehung des Hahns betätigt. Die Taschenlampenbatterie ist im Bilde nicht mit abgebildet. Der Hahn an dem großen unteren Teil des Glasballons dient zum Evakuieren vor dem Auflassen und zum Füllen der Kugel mit Quecksilber. Die in der Höhe aufgenommene Luft wird dabei in die kleine obere Kugel gedrängt, so daß die Sauerstoffbestimmung unter annähernd Atmosphärendruck erfolgt. Im seitlichen Ansatz der oberen kleinen Kugel befindet sich Kupfer, durch dessen Erwärmung der Sauerstoff gebunden wird. Wegen näherer Einzelheiten sei auch hier auf die Originalarbeit verwiesen.

Bei der bekannten Stratosphären-Ballonfahrt des „Explorer II" wurden als Luftsammelflaschen gewöhnliche Glasflaschen mit besonderen Hähnen verwendet, die zum Schutz gegen äußere Einwirkung in Aluminiumhüllen eingebaut waren. Wegen näherer Einzelheiten kann hier auf die Originalarbeit verwiesen werden.[**])

Bei der gleichen Gelegenheit ist ferner ein Gerät zur *Sammlung* von *Mikroorganismen* entwickelt und verwendet worden, das nicht zu den aerologischen Meteorographen gezählt werden kann und auf das deshalb nur hingewiesen werden soll.[***])

An dritter Stelle nennen wir den *Höhenelektrographen* von *Simpson* und *Scrase*. Das Instrument dient zur Untersuchung der Ladungsverhältnisse von Wolken. Die Abbildung 91[+]) zeigt das Gerät in seinem äußeren Aufbau. Der

---

[*]) Luftfahrtforschung (1935), S. 361—366. Abbildung 90a und b von Prof. Dr. E. Regener, Friedrichshafen, zur Verfügung gestellt.

[**]) Shephard, M. The composition of the atmosphere at approximately 21.5 kilometers. Nat. Geograph. Soc. Washington, Stratosphere series 2/1936, S. 117—132.

[***]) Rogers, L. A. and Meier, F. C. The collection of micro-organismus above 36.000 feet. Nat. Geograph. Soc. Washington, Stratosphere series 2/1936, S. 146—151.

[+]) Nach Simpson and Scrase, The distribution of electricity in thunder clouds. Proc. Roy. Soc. of London A. 161/1937, 309—351.

Apparat enthält ein Uhrwerk, das eine Metallscheibe dreht, auf der eine Fließpapierscheibe liegt. Dieses Fließpapier ist mit einer Lösung von

5 g Kaliumferrocyanid,

100 g Ammoniumnitrat,

60 g Glyzerin,

300 g Wasser

getränkt. Auf der Papierscheibe ruhen zwei Eisennadeln an Federn, die mit
zwei Antennen verbunden sind, deren eine an einem Ballon befestigt ist, während

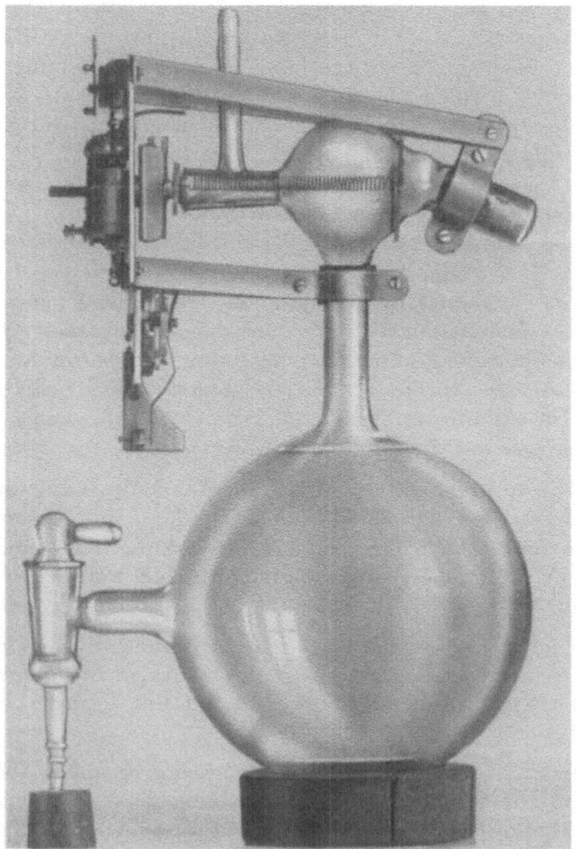

Abb. 90a. Luftprobennehmer nach E. Regener.

die andere vom Apparat nach unten hängt. Je nach der Ladung der Wolke tritt
in den Antennen eine Spannung auf, die sich über die Eisennadeln ausgleicht
und gleichzeitig auf dem Fließpapier eine elektrolytische Zersetzung unter
Bildung von Preußisch Blau an der Anode bewirkt.

Zur Bestimmung der Höhe dient ein Satz Vididosen, zur Bestimmung der relativen Feuchtigkeit ein Haarhygrometer, die beide auf der Fließpapierscheibe schreiben. Um den Strom in den Antennen zu verstärken, werden sie mit Polonium-Kollektoren versehen. Nähere Einzelheiten sind aus der Originalarbeit zu entnehmen.

Abb. 90 b. Luftprobennehmer nach E. Regener.

In diesem Zusammenhang müssen weiter die Geräte erwähnt werden, die ich früher unter dem Namen von „*Feuerwerksmeteorographen*" zusammengefaßt habe*). Es handelt sich um Geräte, bei denen z. B. durch ein Bimetall-Thermometer bei bestimmten Temperaturen ein Kontakt geschlossen wird, der mit Hilfe des elektrischen Stromes z. B. eine Rakete oder ein Buntfeuer zum

---

*) Keil, K. Feuerwerksmeteorographen. Das Wetter **50** (1933), S. 220.

Abbrennen bringt. Das erste derartige Gerät dürfte von *Aßmann**) angegeben sein. An Stelle von Raketen können auch Glühlampen verwendet werden. Dieser Apparat ist dann in den späteren Jahren immer wieder erfunden bzw. abgeändert worden. *Doporto***) und *Asahina****) verwenden Flüssigkeitsthermometer, *Chatterjee*+) und *Richardson* benutzen Metallthermometer.

Abb. 91. Höhenelektrograph nach Simpson und Scrase.

In neuester Zeit finden wir ein ähnliches Gerät im „Fogfinder" oder „Anathermoskop" des amerikanischen Wetterdienstes wieder, wo Nebeleinbrüchen

---

*) Aßmann, R. Das Kgl. Preuß. Aeronaut. Observatorium Lindenberg. Braunschweig 1915, S. 199.

**) Doporto, Termometros de liquido y aire para sondeos atmosféricos. An. Soc. espagn. Meteor. 1/1927, S. 44.

***) Asahina, T. Sur un dispositif pour la mesure des températures de la haute atmosphère. Geophys. Mag. Toteyo 6/1932, S. 17.

+) Chatterjee. An upper air temperature indicator for use with pilot-balloon. Gerlands Beitr. 24/1930, S. 343.

besonders an der Pazifischen Küste stundenlang vorher eine besonders starke Inversion in der Höhe von 2—4000 Metern vorangeht. Regelmäßige Aufstiege mit kleinen Ballonen und dem „Fog-finder" zeigen durch Licht- oder sonstige Signale das Vorhandensein einer derartigen Inversion an. Im Prinzip handelt es sich um ein Bimetall-Thermometer, das auf eine regelmäßige Abnahme der Temperatur nicht reagiert, wohl aber bei einer plötzlichen Zunahme (Inversion) einen Kontakt schließt, der das Signal gibt.

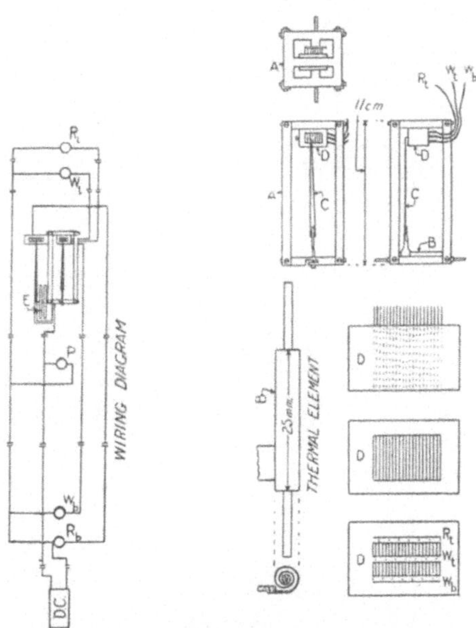

Abb. 92. Signalmeteorograph nach Patterson
mit Konstruktionseinzelheiten (rechts).

Als neues Gerät dieser Art wäre noch die Konstruktion von *J. Patterson* zu erwähnen, deren Schema in Abbildung 92*) dargestellt ist. Links ist das ganze Meßsystem, rechts sind einzelne Teile wiedergegeben. Vididosen (E) und ein Bimetallstreifen (B) bewegen je einen Zeiger (C), der auf einem Rost gleitet. Je nachdem, welcher Stab dieses Rostes berührt wird, werden verschiedene (rote und weiße) Signallampen (Rt, Wt, Wb und Rb) zum Leuchten gebracht, die von einer Batterie (D. C.) gespeist werden. Die Lampe (P) leuchtet bei den verschiedenen Druckstufen auf, während sie zwischendurch verlöscht, wenn der Zeiger nicht auf einem Stab des Rostes, sondern auf dem Isolierstoff zwischen den Stäben ruht.

Wieder einen anderen Weg hat *Chatterjee* eingeschlagen, der die Auslösung der Rakete von einem Gerät (Abb. 93)**) vornehmen läßt, das aus zwei Bimetallfedern P P besteht, die mit abnehmender Temperatur sich nach außen ausein-

---

*) Protokoll Comm. Année Polaire, Innsbruck 1931, S. 128.
) Aus Gerlands Beitr. **24 (1930), S. 344.

anderspreizen. Bei einer bestimmten Temperatur fällt eine Papierscheibe D mit
unten hängender U-Kapillare, die mit Schwefelsäure gefüllt ist, in eine Mischung

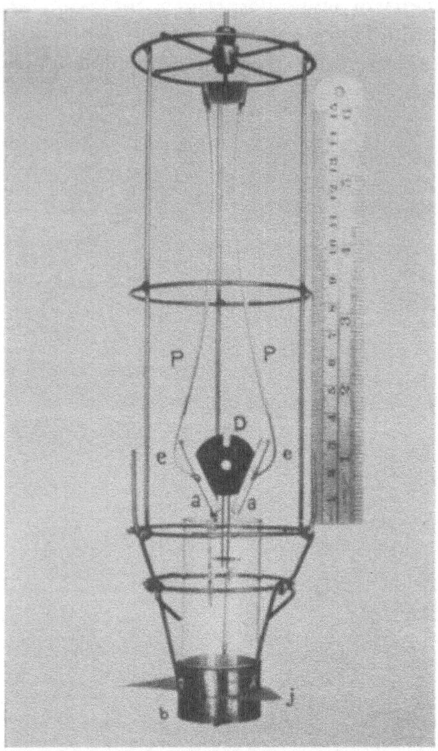

Abb. 93. Feuerwerksmeteorograph nach Chatterjee.

von Kaliumchlorat und Zucker, die sich in Verbindung mit der Schwefelsäure
explosionsartig entzündet und nun die eigentliche Rakete zum Brennen bringt.
Die Höhe des Geräts in diesem Zeitpunkt wird mit Hilfe der Steiggeschwindigkeit
oder mit Hilfe einer Okularmikrometer-Messung festgestellt.

Noch einfacher erreicht *Das* das gleiche Ziel, indem er ein Differentialluft-
thermometer Abb. 94*) anwendet. Glaskugel und Schlangenkapillare werden in
Watte verpackt vor Temperaturänderungen geschützt. Der Schwefelsäuretropfen
wandert also im wesentlichen unter dem Einfluß der Änderung der Temperatur
in dem unteren Röhrchen, das wieder mit Kaliumchlorat und Zucker geladen
ist. Bei einer bestimmten Temperatur, die man in weiten Grenzen durch Ver-
schiebung der Anfangslage des Schwefelsäuretropfens ändern kann, berührt
die Schwefelsäure die Ladung und das Ganze explodiert unter starkem Feuer-

---

*) Aus: Gerlands Beitr. **36** (1932), S. 4.

schein. Eine ganz ähnliche Einrichtung kann natürlich zu einer Luftdruckmessung verwendet werden.

Endlich müssen die Geräte erwähnt werden, in denen trockenes und feuchtes Thermometer nebeneinander registrieren: die Trägheit der Haarhygrometer zwingt zu Versuchen nach Verbesserung der Feuchtigkeitsangaben. *Kopp* hat

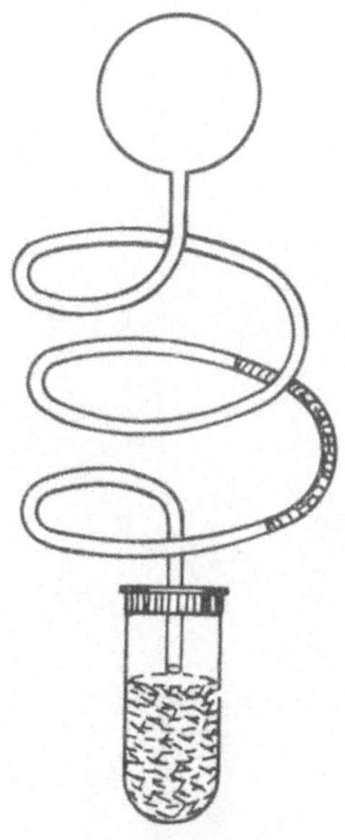

Abb. 94. Differential-Luftthermometer
nach Das.

auf Möglichkeiten hingewiesen, das Bimetallthermometer feucht zu halten, *Chatterjee* hat dafür eine besondere Apparatur entwickelt. In beiden Fällen macht der Übergang vom feuchten Thermometer mit Wasser zu feuchtem Thermometer mit Eis die Registrierungen unübersichtlich. Den Apparat von *Chatterjee* gibt die Abb. 95*), in der D ein Uhrwerk, A die Registriertrommel, P_1 ein trockenes, P_2 ein feuchtes Thermometer. R_1 und R_2 sind Dochte, die die Musselinhülle des feuchten Thermometers aus dem Wasserreservoir am oberen Ende des Geräts feucht erhalten. Wegen der sonstigen Eigenschaften des Geräts wird auf die Originalbeschreibung verwiesen. Der Hauptmangel aller dieser Geräte liegt in dem nicht genau zu erfassenden Wärmeübergang vom Wasserbehälter zum feuchten Thermometer.

Speziell auf dem Gebiet der Feuchtigkeitsmessung hat in neuester Zeit *Findeisen***) neue Wege beschritten. In seinem *Dampfdruckmesser* benutzt er den Vorgang der Osmose an feinporigen Platten (zunächst aus Graphit). In einem

---

*) Aus: Gerlands Beitr. z. Geophys. **34** (1931), S. 256.
) W. Findeisen, Neue Wege der meteorologischen Feuchtigkeitsmessung, Wiss. Abhandl. Reichsamt für Wetterdienst, Berlin 1937, Band **2, Nr. 11.

Meßraum wird mit Hilfe einer hygroskopischen Substanz der vorhandene Wasserdampf absorbiert: es tritt eine Druckerniedrigung im Meßraum ein. Diese Druckdifferenz kann nicht durch Nachdringen von Gasmolekülen der Luft ausgeglichen werden: die Differenz bleibt bei konstantem Wasserdampfdruck der umgebenden Luft erhalten. Allen Wasserdampfdruckänderungen

Abb. 95. Meteorograph mit trockenem und feuchtem
Thermometer nach Chatterjee.

in der Umgebung dagegen folgt die Druckdifferenz mit großer Schnelligkeit. — Durch Ausbau des Geräts als Differenzgerät — eine Meßkammer mit hygroskopischer Substanz, eine zweite ohne eine solche, beide Kammern mit

70

Diaphragma gegen die Außenluft abgeschlossen, — wird Unabhängigkeit von Luftdruck- und Temperaturschwankungen erreicht.

Die Registrierung der Anzeigen kann optisch ähnlich wie im Photometeorographen (s. S. 41) oder mechanisch durch Verwendung von Dosenmanometern erfolgen.

Das andere, von Findeisen angegebene Gerät benutzt die Bestimmung des Taupunktes zur Feststellung des Feuchtigkeitsgehaltes der Luft, wobei jedoch nicht der Taupunkt an blankem Metall bestimmt wird, ein Verfahren, das — vor allem bei Taupunkt-Temperaturen unter 0° C — erhebliche Mängel zeigt, sondern an hygroskopischen Oberflächen. Auf einem Glasrohr wird eine dünne Schwefelsäurehaut erzeugt und nun elektrisch der Widerstand dieser Haut zwischen zwei Platindrähten bestimmt. Das Eintreten von Kondensation macht sich durch einen schnellen Abfall des Widerstandes bemerkbar. Die Schwefelsäurehaut wird abwechselnd geheizt und wieder abgekühlt, man bekommt also stets abwechselnd Verdampfen und wieder Kondensation. Die Temperatur der Schwefelsäurehaut wird mit Hilfe des Widerstands des einen Elektrodenplatindrahts gemessen.

Wegen der näheren Einzelheiten beider Geräte, die nicht eigentlich aerologische Meteorographen sind, sei auf die Originalarbeit verwiesen.

Zur Messung der Böigkeit des Windes mit Drachen konstruierte *Moltchanoff* ein Gerät, dessen Schema in Abbildung 96*) wiedergegeben ist. Ein Propeller

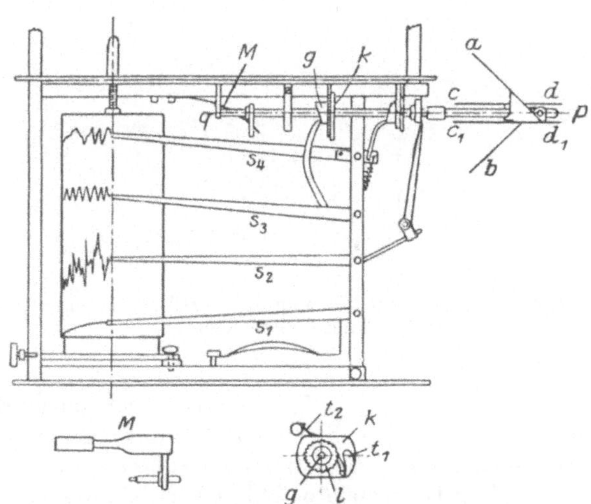

Abb. 96. Windböigkeits-Messer
nach Moltchanoff.

---

*) Nach Moltchanoff, Zur Technik der Erforschung der Atmosphäre. Beitr. zur Phys. der freien Atmosph. **14** (1928), S. 43.

mit den beiden Flügeln a und b nimmt die Windstöße auf, zwei Platten cd und c_1d_1 parallel zur Achse pq dienen zur Dämpfung. Die Feder S_2 schreibt über einen Exzenter die Windgeschwindigkeit auf. Um eine lineare Abhängigkeit des Federausschlages von der Windgeschwindigkeit zu erhalten, wird die Achse pq über einen Exzenter von der Feder M entgegengesetzt zur Propellerdrehrichtung gedreht. Die Federspannung wurde experimentell bestimmt. Die Federn S_3 und S_4 dienen zur Aufzeichnung der Böen. Die benutzte Methode ist kurz folgende: Mit der Achse läuft eine Platte k, auf der ein Zahn mit Feder befestigt ist. Der Zahn ruht in einem lose auf der Achse pq sitzenden Zahnrad. Wird die Platte mit der Feder um einen bestimmten Betrag gedreht, so springt der Zahn von einer in die nächste Lücke des Zahnrads. Auf dem Zahnrad sitzt ein schräg abgeschnittener Zylinder, der über einen Hebel auf die Registrierfeder S_3 bzw. S_4 wirkt. Eine Feder sorgt dafür, daß die Platte k nur Bewegungen in einer Richtung machen kann. Durch Verwendung von Zahnrädern mit verschiedenvielen Zähnen kann man Böen verschiedener Größe aufzeichnen. Der abgebildete Apparat hat zwei Zahnräder für große und kleine Böen. Ein Bourdonrohr zeichnet während des Aufstiegs eine Druckkurve: das ist zur allgemeinen Orientierung über die Höhe von Nutzen.

Einen ähnlichen Zweck hat *Kopp* mit seinem *Gerät zur Messung der Vertikalkomponente des Windes* verfolgt. Das Gerät ist in Abbildung 97 im Schema dargestellt.*) Der Wind wirkt auf eine Winddruckscheibe S, die an einem Arm

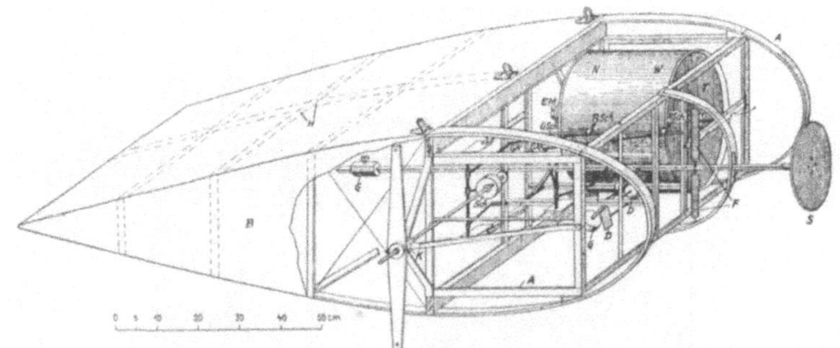

Abb. 97. Gerät zur Messung der Vertikalkomponente
des Windes nach Kopp.

mit Gegengewicht G an Federn F aufgehängt ist. Der ganze Meßapparat in Stromlinienform stellt sich in die Strömungsrichtung ein. Die Neigung des Apparats wird von einem zweiten Registrierwerk aufgezeichnet. Die Registriertrommel T wird von einem Elektromotor EM in zwei Minuten oder in $\frac{1}{2}$ Stunde einmal herumgedreht. Im Bereich N wird die Neigung, im Bereich W der Trommel der Winddruck aufgezeichnet. D sind Dämpfungsflügel, K Kugel-

---

*) Nach Kopp, W. Ein Gerät zur Messung der Vertikalkomponente des Windes in verschiedenen Höhen über dem Erdboden. Bericht über die Tätigkeit des Preuß. Meteorol. Inst. Berlin 1933, S. 86—91.

lager, GA_1 und GA_2 Gelenkarme (für Neigung und Winddruck), Sch Auflagen für die Neigungshebel. Der Apparat ist mit Stoff B bespannt, er hat Holzrippen H, das eigentliche Gerät hat ein Gerüst von Duraluminium (A). G Sch ist die Gleitschiene für die Registrierschlitten RSch.

Nähere Einzelheiten sind aus der Originalarbeit zu entnehmen.

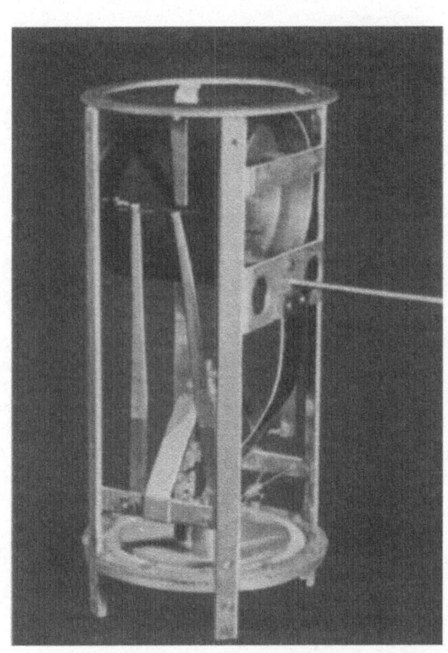

Abb. 98. Turbulenzmesser
nach Junge, Ansicht.

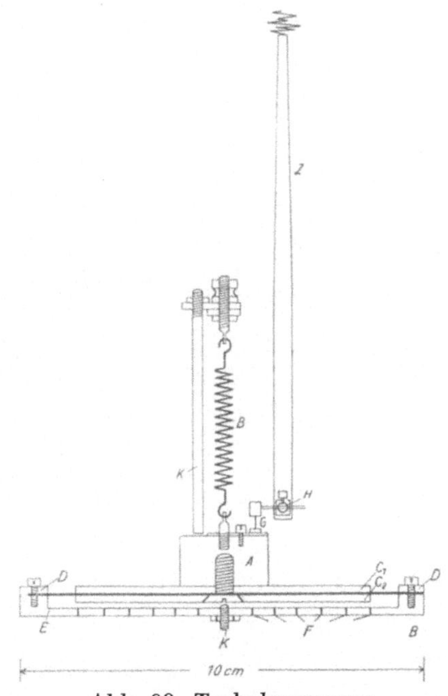

Abb. 99. Turbulenzmesser
nach Junge, Schema.

Endlich sei des Turbulenzmessers von *Ch. Junge* gedacht, der als eine Art Seismometer für die freie Atmosphäre gebaut, zur Registrierung von Beschleunigungen in der Atmosphäre dient. Der Apparat ist in Abbildung 98*) in einer Ansicht, in Abbildung 99 im Schema dargestellt.

In diesem Zusammenhang müssen ferner erwähnt werden die Ballonelektrometer von *Regener***), die speziell der Erforschung der *Ultrastrahlenverhältnisse* der Atmosphäre dienen. Die Konstruktion des Geräts ist aus der schematischen Figur 100 zu entnehmen, besonders hingewiesen sei auf die Anzeigevorrichtungen für Luftdruck und Temperatur des Apparats. Diese beiden Einrichtungen sind in Abbildung 101 besonders wiedergegeben. Der obere Zeiger wird von einer Bimetall-Lamelle betätigt. Der Querzeiger spielt unmittelbar

---

*) Aus: Ann. d. Hydrographie **66** (1938), S. 104—109.
**) Siehe Physikal. Zeitschrift 34 (1933), S. 306. Abbildungen von Prof. Dr. E. Regener, Friedrichshafen, zur Verfügung gestellt.

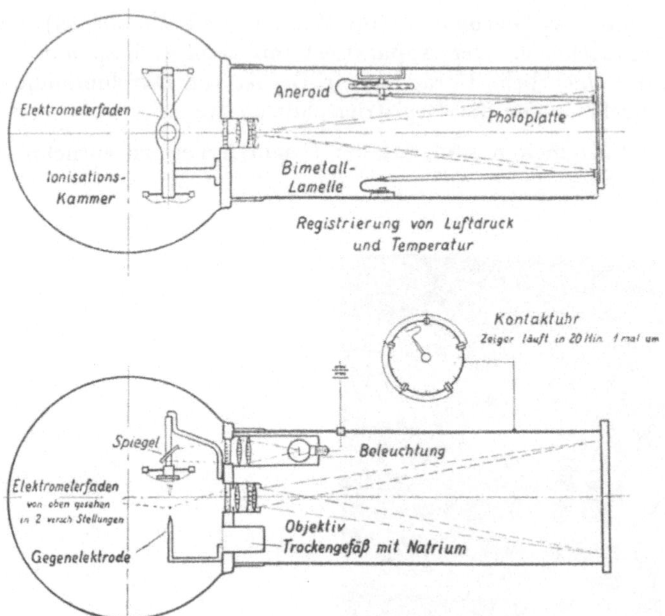

Abb. 100. Elektrometer für Ultrastrahlung
nach Regener, Schema.

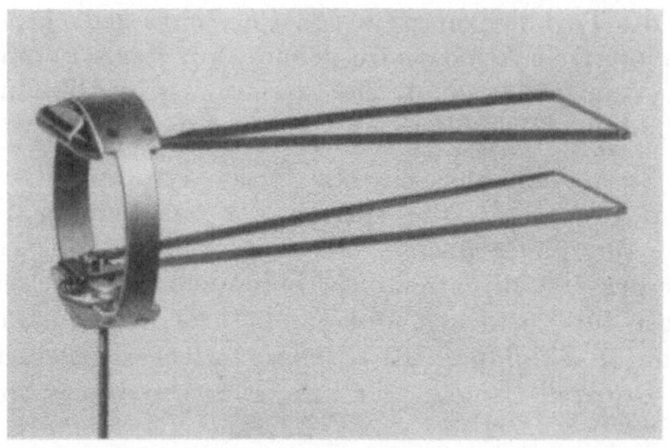

Abb. 101. Anzeigevorrichtung für
Luftdruck und Temperatur.

vor der Photoplatte und gibt dort einen Schatten. Ebenso wirkt der untere, von einer Aneroiddose betätigte Zeiger. Für eine genaue Festlegung der kleinen Drucke ist in den Apparaten schließlich noch ein zweites Aneroid für niedrige Drucke eingebaut worden, das einen besonderen Zeiger betätigt. Das ganze Gerät ist in Abbildung 102 dargestellt. Links erkennen wir die Ionisationskammer, oben rechts die Kontaktuhr, darunter rechts die Kassette für die Photoplatte. Das viereckige Kästchen links von der Kontaktuhr enthält die Batterie.

Abb. 102. Elektrometer für Ultrastrahlung nach Regener, Ansicht.

Ein Bild von der Wirkung des Apparats gibt das Bild der Registrierung (Abbildung 103). Die weißen Striche sind Bilder des Elektrometerfadens in der Ionisationskammer, der alle vier Minuten mit dem kleinen Lämpchen beleuchtet wird. Je größer der Abstand zweier Fadenbilder wird, desto größer ist die Ultrastrahlenintensität. Die Schattenkurve am oberen Rand gibt die Temperatur, die beiden unteren Schatten geben den Luftdruck jeweils im Augenblick der Belichtung an. Quer durch das Bild liegt ein Meßstab. Das Ballonelektrometer wird in einer Zellophan-Aluminiumschutzgondel aufgelassen und registriert daher bei fast gleichbleibender Innentemperatur (zwischen $+10$ und $+25°$). Wegen näherer Einzelheiten verweisen wir auf die angegebene Originalarbeit.

Der Ozonspektrograph von *V. H. Regener**) dient zur Bestimmung der vertikalen Verteilung des atmosphärischen Ozons. Mit Hilfe einer Kontaktuhr 7 (Abbildung 104) und des Verschlusses 4 werden in verschiedenen Höhen während des Fluges mit dem Quarzspektrographen 2-3-6 Aufnahmen des ultravioletten Endes des Sonnenspektrums gemacht. Aus der photometrisch ausgemessenen Steilheit des Abbruchs wird die Dicke der jeweils zwischen dem

---

*) Siehe Zeitschrift für Physik 109 (1938), S. 642—670. Beschreibung und Abbildungen von Prof. Dr. E. Regener, Friedrichshafen, zur Verfügung gestellt.

Apparat und der Sonne liegenden Ozonschicht berechnet. Da wegen der Drehung der Apparatgondel während des Fluges eine Zentrierung des Spektrographen auf die Sonne nicht möglich ist, wird das Kollimatorrohr 2 senkrecht nach unten auf eine diffus reflektierende weiße Platte gerichtet. Diese befindet sich im Innern einer sogenannten „Kompaßblende" 1, welche dazu dient, das diffuse Himmelslicht fernzuhalten. Die diffus reflektierende Platte P (Abbildung 105)

Abb. 103. Beispiel einer Registrierung des Elektrometers
für Ultrastrahlung nach Regener.

ist von einer halbkugeligen Blende H umgeben. Diese ist leicht drehbar gelagert, aus dünnem Aluminiumblech gedrückt und hat zwei Öffnungen, eine seitliche zum Eintritt des direkten Sonnenlichtes und eine zentrale, welche das reflektierte Licht senkrecht nach oben zum Spektrographen gelangen läßt. Durch eine in Edelsteinen gelagerte Magnetnadel M wird die seitliche Öffnung in Südrichtung gehalten, so daß das direkte Sonnenlicht während des ganzen Aufstiegs die weiße Platte erreichen kann. Das diffuse Himmelslicht wird auf diese Weise zu etwa 90% weggeblendet. Die Kupferscheibe K dient zur Dämpfung und

76

Abb. 104. Ozonspektograph nach V. H. Regener.

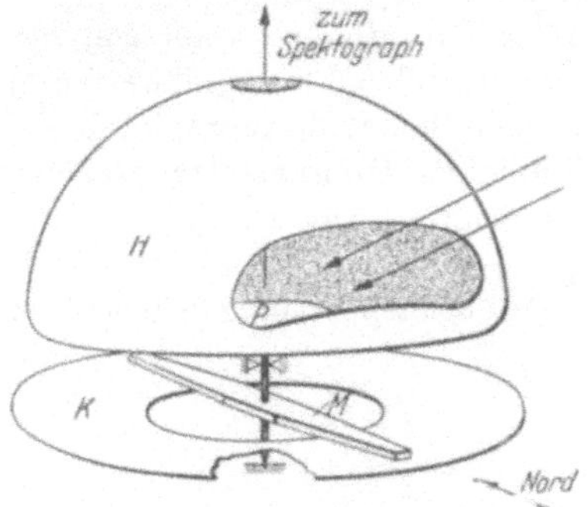

Abb. 105. Kompaßblende
zum Ozonspektographen.

verhindert ein Aufschaukeln von Drehschwingungen der Halbkugel. Gegen den elektromagnetischen Verschluß 4 ist die Kompaßblende durch eine Eisenplatte 5 abgeschirmt.

Abb. 106. Registriergerät für Luftdruck und Temperatur
zum Ozonspektographen nach Regener.

Zur Registrierung von Luftdruck und Temperatur dient bei diesen Untersuchungen ein Apparat, der in Abbildung 106 dargestellt ist. In dem viereckigen Kästchen links befinden sich zwei Aneroiddosen, eine für 760 bis 0 mm und eine zweite für 100 bis 0 mm Hg und eine Bimetall-Lamelle. Von den Aneroiddosen und der Lamelle werden im Innern der rechts an das Kästchen anschließenden Röhre Hebelarme bewegt, welche am Ende dicht vor einer 25 mm langen in $^1/_{10}$ mm geteilten Glasskala zu Zeigern umgebogen sind. Zeiger und Skala werden durch ein optisches System von einem Lämpchen, das sich in der links oben angebrachten Röhre befindet, beleuchtet und werfen ein scharfes Schattenbild auf eine dicht dahinter befindliche photographische Platte. Die runde Platte sitzt in der rechts befindlichen Drehkassette, welche mit Hilfe von Zahnrad und elektromagnetisch betätigtem Anker einen ruckweisen Weitertransport besorgt. Der Elektromagnet wird von einer Taschenlampenbatterie gespeist, eine Kontaktuhr regelt den Transport in gewünschtem Zeitabstand.

5. Eichgeräte in den verschiedenen Ländern

In den Eichgeräten werden die Ausschläge der verschiedenen Registrierfedern bei verschiedenen Luftdrucken, Temperaturen und Feuchtigkeiten festgestellt. In älterer Zeit hat man sich meist damit begnügt, das Barometer unter einer Luftpumpenglocke verschiedenen Luftdrucken, das Thermometer in einem Kältebad verschiedenen Temperaturen auszusetzen. Erst im Laufe der Entwicklung erkannte man die Notwendigkeit, auch das Barometer bei verschiedenen Temperaturen zu beobachten: es entstanden die Geräte, in denen die Eichung *unter natürlichen Bedingungen* möglich ist, d. h. unter Druck- und Temperaturverhältnissen, wie sie gleichzeitig in der Atmosphäre vorliegen.

Im Ganzen wird man die Eichung in der Druck-Kälte-Kammer nur gelegentlich ausführen, dagegen die laufende Eichung für die beiden Elemente Druck- und Temperatur getrennt vornehmen, weil die Eigenschaften des Geräts, die einmal festgestellt sind, nur geändert werden, wenn mechanische Eingriffe vorgenommen werden. So haben wir nebeneinander zwei Reihen von Eichgeräten, nämlich Geräte für getrennte Eichung der einzelnen Elemente und Geräte für gleichzeitige Änderung aller Elemente.

a. Deutschland

Die Druck-Kälte-Prüfkammer des Reichsamts für Wetterdienst.

Das Gerät (Abb. 107*) dient dazu, aerologische Instrumente unter Umständen zu prüfen, die den beim Aufstieg vorliegenden Verhältnissen möglichst nahekommen. Der druckfeste Rezipient ist von einem Mantel umgeben, der von der Kühlflüssigkeit umströmt wird. Die Isolation gegen Wärmezuleitung von außen geschieht durch einen Hochvakuummantel, sodaß das Gerät ohne große Verluste sehr tiefe Temperaturen (—65° C) zu erreichen gestattet. Eine großdimensionierte elektrische Heizung gestattet schnelle Wiedererwärmung. Die Temperaturmessung im Innern erfolgt mittels eines Widerstandsthermometers äußerst geringer Trägheit. Im Rezipienten ist ein Windkanal eingebaut, dessen regelbarer Ventilationsstrom Untersuchungen über Trägheitseinflüsse usw. ermöglicht. Die Feuchtigkeit im Innern des Geräts ist leicht regelbar zu verändern. Sämtliche Geräte werden von außen abgelesen. Eine Anzahl elektrischer Durchführungen ermöglicht besondere Messungen oder Manipulationen auf magnetischem Wege im Innern des Rezipienten vorzunehmen.

---

*) Abb. vom Reichsamt für Wetterdienst zur Verfügung gestellt.

Abb. 107. Eichgerät des Reichsamts für Wetterdienst, Berlin.

2. Die Hygrometer-Prüfanlage nach Bongards.

Diese Anlage gestattet in kurzer Zeit in einem Prüfraum die verschiedenen Feuchtigkeitszustände herzustellen.

Die Prüfanlage besteht aus einem luftdicht abgeschlossenen Prüfraum zur Aufnahme der zu eichenden Geräte, drei Glasgefäßen und einem Gebläse mit Motorantrieb. Diese Einrichtung befindet sich in einem Holzschrank mit Glastür (Abbildung 108)*).

Das erste Glasgefäß wird mit destilliertem Wasser gefüllt, die beiden anderen enthalten bestimmte Mischungen von destilliertem Wasser und reiner Schwefelsäure, deren Dichte mittels Aräometer zu bestimmen ist. Die relative Feuchte über Schwefelsäure-Wasser-Gemischen in Abhängigkeit von deren Dichte ist auf Grund der Regnaultschen und Helmholtzschen Messungen bekannt.

---

*) Abb. von der Firma W. Lambrecht, Göttingen zur Verfügung gestellt.

80

Das Gebläse C (siehe Schema, Abbildung 109)*) saugt die Luft aus dem Prüfraum A und treibt sie durch eine Rohrleitung jeweils in eines der Glasgefäße B. Die Luft tritt durch die feinen Öffnungen eines Glassternrohres hier in die Flüssigkeit ein, in der sie in kleinen Blasen emporsteigt. Dicht unter einem das Glasgefäß abschließenden Gummipfropfen endigt ein Rohr, das die Luft in den Prüfraum führt, die wiederum im gleichen geschlossenen Kreislauf von der Pumpe angesaugt wird. Da drei Glasgefäße und dementsprechend im allgemeinen drei Flüssigkeiten zur Verfügung stehen, können die zu eichenden Geräte nacheinander an drei verschiedenen Skalenpunkten geprüft werden, die Umschaltung von einem zum anderen Glasgefäß erfolgt durch Ventile V, die mit einem Griff bedient werden.

Abb. 108. Hygrometerprüfanlage nach Bongards.

Da die auf Grund der Regnaultschen Messungen errechneten Werte relativer Feuchte nur gelten, wenn die Temperatur der Flüssigkeit und die Temperatur der Luft im Prüfraum gleich sind, befindet sich neben dem Prüfraum ein

*) Abb. von der Firma W. Lambrecht, Göttingen zur Verfügung gestellt.

entsprechend umgearbeitetes Aßmannsches Aspirations-Psychrometer T_1 T_2, das mit dem Prüfraum in Verbindung steht und die einwandfreie Feststellung der in ihm herrschenden Feuchte und Temperatur gestattet.

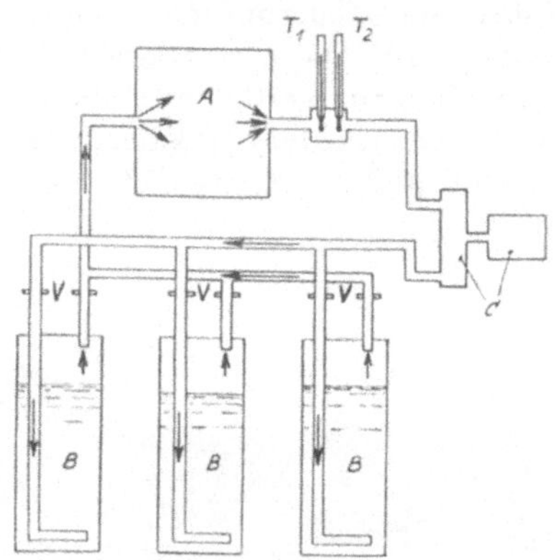

Abb. 109. Hygrometerprüfanlage nach Bongards, Schema.

Schichtbildung in der Flüssigkeit wird durch die Luftdurchströmung während des Betriebes vermieden, Schichtung der Luft im Prüfraum kann infolge der beim Saugen entstehenden Luftbewegung und durch geeignete Formgebung des Prüfraumes ausgeschlossen werden.

Als Regelflüssigkeit dient in dem ersten Gefäß chemisch reines destilliertes Wasser, in den beiden anderen Gefäßen Mischungen von Wasser und Schwefelsäure. Zur Prüfung des spezifischen Gewichts der Mischung sind zwei Aräometer beigegeben. Bei einer Temperatur von 15° C soll die eine der Mischungen das spezifische Gewicht 1,2865 haben. Über dieser Mischung stellt sich eine relative Feuchtigkeit von 62% ein, wenn die Temperatur der Flüssigkeit gleich der Lufttemperatur ist. Die zweite Mischung soll bei 15° C ein spezifisches Gewicht von 1,4772 haben. Die relative Feuchtigkeit über dieser Lösung beträgt bei gleicher Flüssigkeits- und Lufttemperatur 21%.

b. Nordamerika

1) Altes Modell des Eichgeräts für Druck- und Temperatur des U. S. Weather Bureau.

Der Apparat verwendet die übliche Glasglocke, die hier von unten nach oben gehoben wird. Über der Fläche, auf der der zu eichende Apparat steht (hier ein Fergusson-Meteorograph), läuft eine Kupferrohrschlange, in der eine Kühlflüssigkeit zirkuliert. Die Luft wird von einem Fächer (Ventilator) bewegt, der von einem außen, oben auf dem Gerät angebrachten Motor betätigt wird.

82

Zum Gebrauch wird die Glasglocke nach oben gehoben — die Abbildung 110*) zeigt die Glocke im Isolierkasten in der tiefsten Stellung. Ein Fenster in diesem Isolierkasten erlaubt eine bequeme Beobachtung des Gerätes während der Eichung. Der Apparat wird heute im Rahmen des amerikanischen Wetterdienstes nicht mehr benutzt, da er durch einen bequemeren ersetzt wurde (s. unter 4).

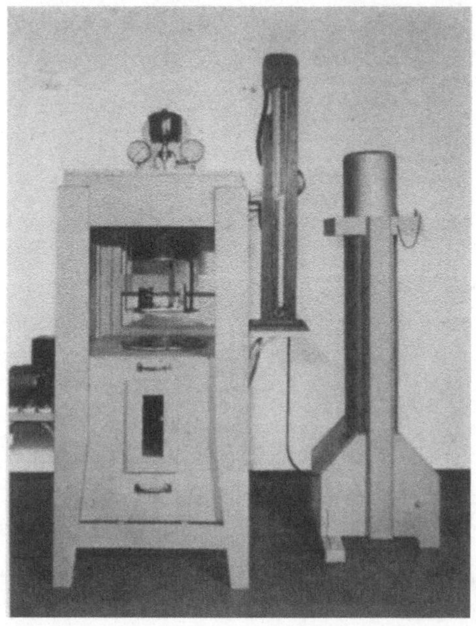

Abb. 110. Eichgerät für Druck, Temperatur und Feuchtigkeit
des M. S. Weather Bureau. Altes Modell.

2. Druck-Temperatur-Eichgerät der U. S. Navy.

Das Gerät ist in Abb. 111*) dargestellt. Die Druckkammer besteht aus einem zylindrischen Gefäß, an dessen Oberseite in einem kleinen Aufbau ein Fenster angebracht ist, das die Beobachtung der zu eichenden Apparate gestattet. Im Gebrauch wird die Druckkammer mit einem Gemisch von Alkohol und Kohlensäureschnee (Trockeneis) umgeben. Der Tank für dieses Gemisch ist wieder außen mit einem Luftmantel umgeben, der als Wärmeisolator dient. Am Boden ist ein Fächer angebracht, der von außen von einem Motor in Betrieb gesetzt wird. Elektrische Leitungen für Lampe und Thermometer werden durch Siegellack-Verbindung in das Innere des Apparats eingeführt.

---

*) Abb. des U. S. Weather Bureau, Washington, zur Verf. gestellt von W. R. Gregg.

Temperatur und Druck können gleichzeitig geändert werden, der Apparat gestattet schnelle Temperaturänderungen ($+25°$ bis $-50°$ C in 15 Minuten).

Abb. 111. Druck-Temperatur-Eichgerät der U. S. Marine.

3. Eichgerät für Druck, Temperatur und Feuchtigkeit des National Bureau of Standards in Washington.

Dieses Gerät, das zur vollständigen Durcheichung von Meteorographen geeignet ist, ist in Abb. 112*) dargestellt. Es besteht aus einem äußeren Kasten mit gut isolierten Wänden, der zwei Abteile enthält, vorn die Druckkammer (in der Abbildung vor dem Kasten stehend dargestellt) und dahinter ein Raum für Kohlensäureschnee (Trockeneis). Ein Fächer sorgt für die Bewegung der kälteren Luft durch veränderliche Klappen zwischen beiden Abteilungen. Die Druckkammer hat eine Verbindung zum Manometer und zur Feuchtigkeitsapparatur, sowie elektrische Leitungen für Messinstrumente. In der Druckkammer dient ein Fächer, von außen her magnetisch betrieben, für die nötige Luftbewegung. Auf diese Weise sind Stopfbüchsen, die immer die Gefahr des Undichtwerdens mit sich bringen, vermieden. Fenster für die Beobachtung der zu eichenden Apparate sind vorn und oben angebracht.

Zum Gebrauch wird die Druckkammer in den Kältekasten gestellt und die Vorderwand geschlossen. Von rechts her betätigt ein Fächer die Feuchtigkeitsapparatur, während ein empfindlicher elektrischer Thermostat die Temperatur auf jeder eingestellten Höhe hält.

---

*) Abb. des U. S. Weather Bureau, Washington, zur Verf. gestellt von W. R. Gregg.

Abb. 112. Druck-, Temperatur- und Feuchtigkeits-Eichgerät
des U. S Bureau of Standards.

4. Die Eichgeräte des U. S. Weather Bureau für den laufenden Dienst.

Im laufenden Dienst des U. S. Weather Bureau werden an den einzelnen
Stationen die Meteorographen getrennt auf Druck, Temperatur und Feuchtigkeit geeicht. Die Druckeichung, die regelmäßig im Januar, April, Juli und
Oktober vorgenommen werden soll, erfolgt unter einer normalen Luftpumpenglocke mit Pumpe und Manometer.

Abb. 113. Temperatur-Eichgerät des U. S. Weather Bureau.

Die Temperatureichung wird regelmäßig im Februar, Mai, August und November gemacht und dabei gleichzeitig der Einfluß der Temperatur auf die Luftdruckangaben festgestellt.

Das Gerät für diese Eichung ist in Abbildung 113*) dargestellt, es besteht aus einem wärmeisolierten Kasten mit Behältern für Trockeneis und mit einem Psychometer. Die Durchmischung der Luft geschieht wieder mit einem Fächer, der von außen her durch einen Motor betrieben wird.

Abb. 114. Feuchtigkeitseichgerät des U. S. Weather Bureau.

Die Feuchtigkeitseichung wird regelmäßig im März, Juni, September und Dezember durchgeführt. Zur Vornahme dieser Eichung dient der in Abbildung 114*) dargestellte Apparat. Die Änderung der Feuchtigkeit erfolgt mit Hilfe von Kalziumchlorid als Austrocknungsmittel. Die Feuchtigkeiten werden an einem Psychrometer gemessen, das von außen her befeuchtet werden kann. Ein von außen bewegter Fächer sorgt für Luftzirkulation im Innern des Kastens.

c. Finnland

Zur Eichung der finnischen Meteorographen dient der bereits gelegentlich der Beschreibung der Väisälä-Radiosonde beschriebene Thermostat. Das Gerät ist in Abbildung 115**) in seinen Einzelteilen, in Abbildung 116 mit zusammengesetztem Rezipienten neben dem Alkoholthermostaten und in Abbildung 117 vollständig zusammengesetzt dargestellt.

---

*) Abb. des U. S. Weather Bureau, Washington, zur Verf. gestellt von W. R. Gregg.
**) Aus: Radiosonde-Konstruktionen, Berlin 1937.

Die beigeschriebenen Zahlen bedeuten:

1 den Rezipienten
2 den Deckel des Rezipienten
3 die Haube des Motors 8
4 die Radiosonde
5 den Motor für die Durchmischung des Alkohols
6 die Pumpe für den Alkohol
7 den Alkoholthermostaten
8 Motor für die Durchmischung der inneren Luft.

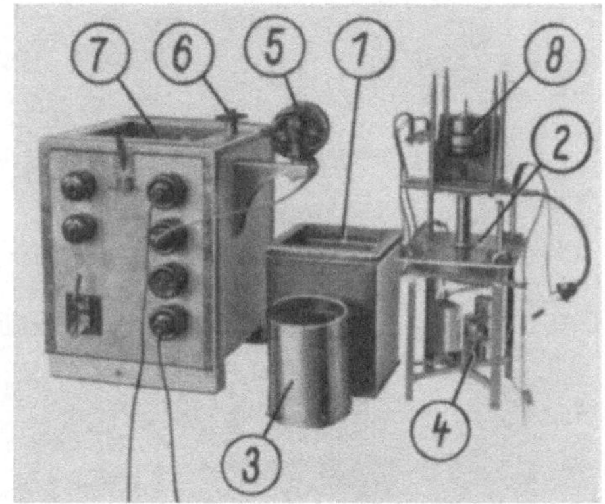

Abb. 115. Einzelteile des finnischen Eichgeräts.

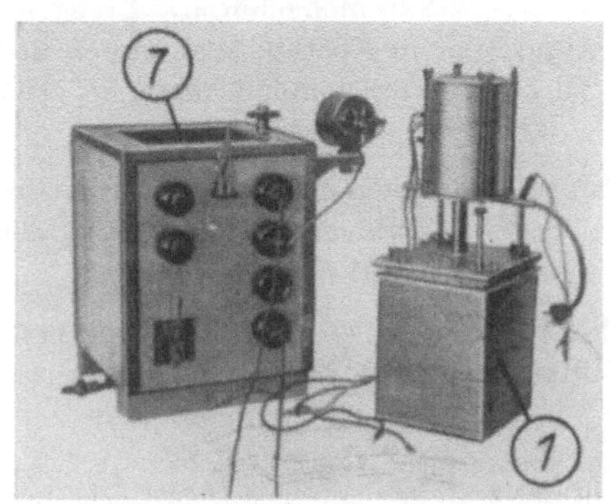

Abb. 116. Finnisches Eichgerät,
Alkohol-Thermostal und Rezipient.

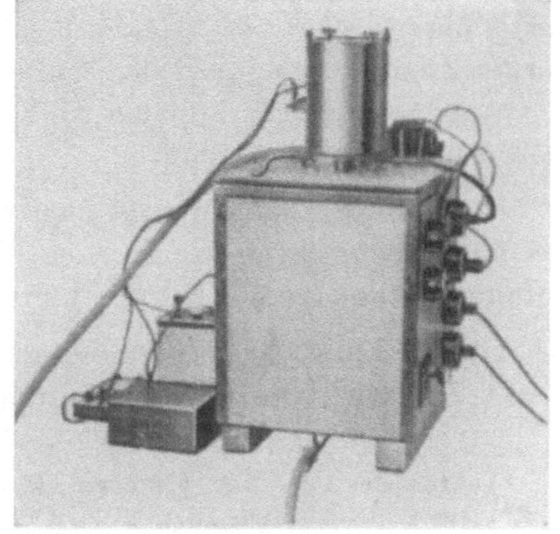

Abb. 117. Finnisches Eichgerät,
zusammengesetzt.

d. Frankreich

Das Eichgerät, das vom französischen Meteorologischen Dienst verwendet wird, ist in der Abbildung 118*) dargestellt.

In einem Kasten wird der Luftdruck mit einer Pumpe verändert, gleichzeitig werden durch die in der doppelten Wand zirkulierende Kältemischung aus Kohlensäureschnee und Benzin wechselnde Temperaturen erzeugt. Die Meteorographen werden in dem linken Zylinder untergebracht, während in dem rechten Zylinder die Kältemischung hergestellt wird. Im Instrumentenkessel sorgt ein Fächer für gleichmäßige Durchmischung der Luft.

Abb. 118. Eichgerät des O. N. M. Paris.

Bei der Eichung versucht man möglichst solche Druck- und Temperaturwerte herzustellen, wie sie in der Atmosphäre zusammengehören. Praktisch werden Eichpunkte für Höhenstufen von rund 1000 m Abstand genommen und so vorgegangen, daß die einer Höhe von 10 km entsprechenden Werte in etwa 1 Stunde erreicht werden.

Wenn man einen Apparat mehrmals hintereinander eichen will, soll zwischen den Eichungen ein Zeitraum von 3 Tagen liegen, damit das Instrument in den Anfangszustand zurückkehren kann.**)

Die Eichung des Hygrometers erfolgt mit 3 oder 4 Punkten. Der erste Punkt entspricht der Zeigerstellung in einem feuchten Raum, dessen genaue

---

*) Abb. des Off. Nat. Météorol. Paris, zur Verf. gestellt von Ph. Wehrlé.
**) Im französischen Dienst wird also nicht das z. B. im deutschen Dienst gebräuchliche Verfahren benutzt, bei dem die Instrumente vor der Eichung und vor dem Aufstieg „massiert" werden, um grundsätzlich nicht mit „jungfräulichen" Geräten zu arbeiten. (Hysterese der Baro- und Thermometer).

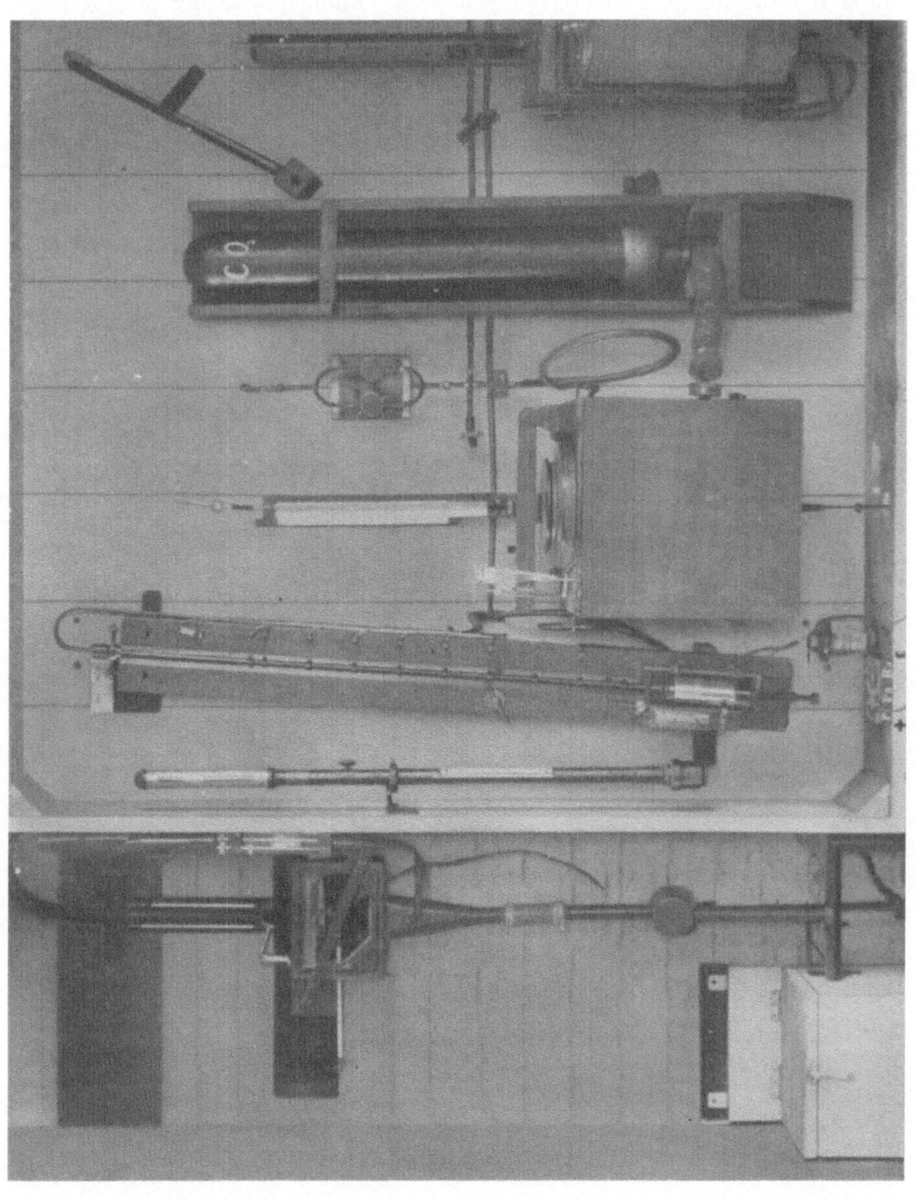

Abb. 119. Eichgerät des Großbritannischen Dienstes.

Feuchtigkeit mit einem Psychrometer gemessen wird. Dann wird die Zeigerstellung im Luftstrom eines Ventilators bestimmt und wieder mit dem Psychrometer die zugehörige Feuchtigkeit gemessen. Endlich wird der Meteorograph
über einem Schälchen mit konzentrierter Schwefelsäure unter eine Luftpumpenglocke gesetzt und die Luft abgepumpt. Die Zeigerstellung, die damit erreicht
wird, entspricht praktisch der relativen Feuchtigkeit 0%.

e. Großbritannien

Da in Großbritannien nur der Dines-Meteorograph in Gebrauch ist, kann
das ganze Eichgerät sehr klein gehalten werden und trotzdem eine Reihe von
praktischen Vereinfachungen zeigen. Die Abbildung 119*) zeigt das Eichgerät,

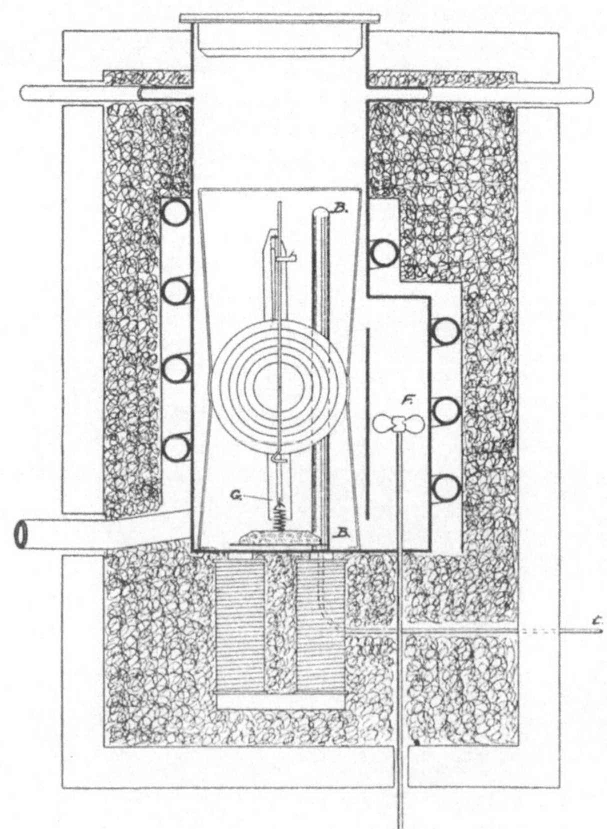

Abb. 120. Temperatur-Eichkammer, Schema.

*) Abb. des Meteorol. Off. London, zur Verf. gestellt von Sir G. C. Simpson.

und zwar von links unten nach rechts: Kasten für trockene Luft, darüber
etwas nach rechts der Eichkasten für Hygrometer. Danach folgt weiter nach
rechts: ein Quecksilberbarometer, ein Manometer zur elektro-automatischen
Einstellung bestimmter Luftdruckwerte, die Eichkammer für Temperatur und
Druck, die Zuleitung von der Pumpe, die Kohlensäurebombe für die Kühlflüssigkeit und ein Thermometer. Ganz rechts ist noch ein Teil eines Kühlbades
mit Wasserfüllung für geringe Temperaturerniedrigungen zu erkennen.

Die eigentliche Eichkammer besteht aus einem Holzkasten mit Wärme-
isolierung, in dessen Innern die eigentliche Druckkammer mit Deckel steht.
Ein Fächer in der Druckkammer sorgt für gute Durchmischung der Luft. Drei
Meteorographen werden gleichzeitig geeicht. Um die Druckkammer liegt die
Kühlschlange, durch die Kohlensäure geleitet wird. Unter der Druckkammer
liegt ein Elektromagnet, der ein Eisenstück anzieht, das bei jedem Instrument
an dem Haken G (Abb. 120) angebracht wird und mit dessen Hilfe Marken auf
der Registrierfläche hergestellt werden. Eine schematische Darstellung der
Eichkammer gibt die Abbildung 120*).

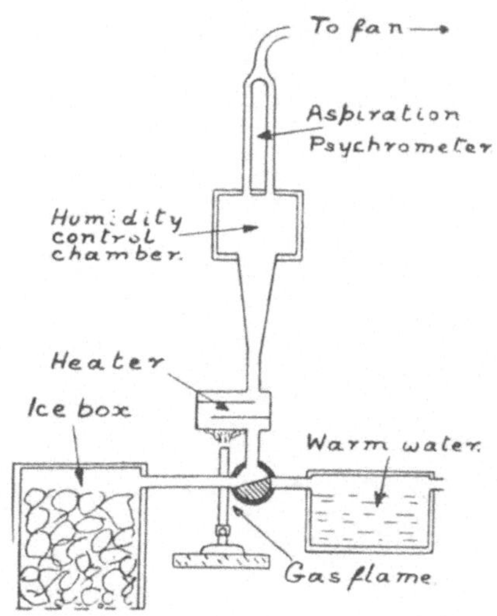

Abb. 121. Feuchtigkeits-Eichkammer, Schema.

Zur Festlegung der Druckstufen wird das elektro-automatische Manometer
benutzt, das ebenfalls schon von W. H. Dines angegeben ist. Das Gerät arbeitet
so, daß beim Erreichen bestimmter Druckwerte der Markiermagnet unter der
Eichkammer in Tätigkeit gesetzt wird. Grundsätzlich werden bei bestimmten
Temperaturen Marken für die verschiedenen Hauptdruckstufen 900, 800 ...
100, 70 und 40 mb gemacht.

---

*) Aus: L. H. G. Dines, The Dines Balloon Meteorograph, M. O. 321, London 1929.

Die Eichung auf Feuchtigkeit erfolgt in einem besonderen Apparat, dessen Aufbau schematisch in Abbildung 121*) wiedergegeben ist. Ein Luftstrom wird über Eis und über warmem Wasser angesaugt. Das Mischungsverhältnis regelt ein Ventil. Die Luft wird gemischt und erwärmt: so kann praktisch jede Feuchtigkeit hergestellt werden. Die Luft läuft weiter durch den Eichkasten und ein Aspirationspsychrometer, an dem die tatsächliche relative Feuchtigkeit abgelesen wird.

*) Aus: L. H. G. Dines, The Dines Meteorograph, M. O. 321, London 1929.